致谢

致谢：

我的世界；

我的国家；

我的祖先；

我的父亲、母亲；

我的家人、兄弟、姐妹；

我的老师、教练、朋友；

我的公司、领导、同事；

为我的成长提供学习资源的网络和图书；

为我的文集提供精美图片的摄影师、插画师；

为我的作品提供编辑和配图的出版人；

和我一起成长，书写人生故事的小伙伴；

没有你们，就没有这本书。

感恩有您，一路同行。

一叶一沙

庚子年三月廿九日，于长沙

人间可期

REN JIAN KE QI 　一叶一沙 ◎ 著

国际文化出版公司
·北京·

图书在版编目（CIP）数据

人间可期 / 一叶一沙著. -- 北京：国际文化出版公司，2021.9
ISBN 978-7-5125-1331-0

Ⅰ. ①人… Ⅱ. ①一… Ⅲ. ①女性–成功心理–通俗读物 Ⅳ. ①B848.4-49

中国版本图书馆 CIP 数据核字（2021）第 146847 号

人 间 可 期

作　　者	一叶一沙
特约策划	张立云
责任编辑	侯娟雅
封面插图	一言
装帧设计	潇湘悦读
出版发行	国际文化出版公司
经　　销	全国新华书店
印　　刷	长沙市精宏印务有限公司
开　　本	710 毫米×1000 毫米　　16 开
	16 印张　　　　　　　　270 千字
版　　次	2021 年 9 月第 1 版
	2021 年 9 月第 1 次印刷
书　　号	ISBN 978-7-5125-1331-0
定　　价	78.00 元

国际文化出版公司
北京朝阳区东土城路乙 9 号　　邮编：100013
总编室：（010）64271551　　传真：（010）64271578
销售热线：（010）64271187
传真：（010）64271187-800
E-mail: icpc@95777.sina.net

自序 用心经营

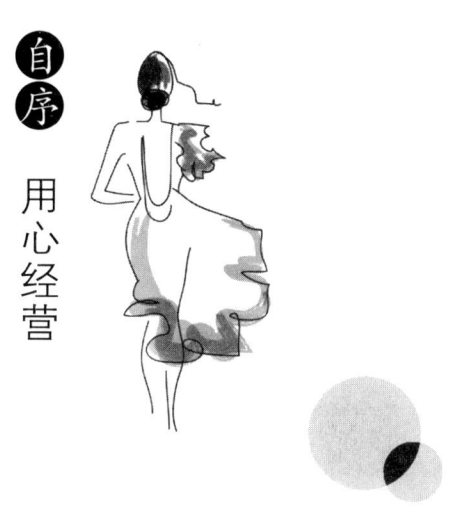

> 生活有百分之十在于你如何塑造它,有百分之九十在于你如何对待它。
>
> ——柏林

人生最特别的庚子年春节,宅在家里的时光,正好用来种花、插花、赏花。三月春雷阵阵,万物萌动。红果子的冬青长了根,细枝条的红柳发了芽,春节前种下的玉女兰开得妖娆,客厅里的粉玫瑰绽放芳华。为了参加公司工会"响应号召不出门、居家抗疫秀技能"为主题的摄影活动,我戴上女儿送的串珠发箍,佩上先生付款的珍珠项链,再用儿子赠予的手机来个自拍。对着镜子,我挺胸抬头,面带微笑,告诉自己:"我是世界上最美的女人。"

女人爱花,也爱这世间一切美好的事物;女人如花,红颜易老,韶华易逝,没有人可以永远保持青春靓丽的容貌。用世间美好的事物装扮自己,是每一个讲究生活艺术,追求精致的女人都可以享受的生活乐趣吧?当年华渐渐老去,希望我认真对待生活的每一分钟,都积攒成灵魂的精致与品位,散发人性的光辉,照亮自己人生的每一天。

在教育家苏霍姆林斯基的著作《怎样培养真正的人》中,我曾学到这样的教育理念:"美是培养善良、热爱劳动、热诚和爱情的重要手段。"人在观赏到花瓣和晚霞那一瞬间起,他就注视着他自身,人就知道美。美是我们生活的欢乐,人追求美、爱美，是人之常情，这种追求的实现，取决于人的道德面貌，取决于人的美同他的创造活动的本质融为一体到什么程度。人美的理想，是全面发展的和谐，是身体、道德、美学完善的统一。"人美的高峰，就在于我们千千万万个成员中的每一个人，都能用自己内在的美闪着光亮。"

前后经过几年的思考，我决定把自己的人生故事分享给亲爱的读者们。在这个最好的时代，回顾自己成长的历程——从月光族的职场小白兼新手妈妈，到成为一名成熟的职业女性，经济自给自足，家庭温馨幸福，热爱事业，拥有知心的亲人、朋友、同事。一路走来，风平浪静中有暗流涌动，磕磕绊绊中有机会产生。从二十多年的日记中精选了一些有趣味的小故事汇集成册，我并不是要做肥皂水，吹一个华丽的泡泡让自己飘飘然；而是要督促自己做一滴清水，把生活智慧融入人生的海洋，历练精神，修炼灵魂，收获一份内心的淡定与从容。

塑造精致生活，经营艺术人生，我的信念是"我的世界由我创造，要做自己生命的主人"。亲爱的小姐妹，你、我、她，过去、现在、将来，本质都是一样。财富、婚姻、亲子、亲情、事业是每一个职业女性都会面临的人生历练，也是生活万花筒中重要的组成部分。如果要问我："女人最想要的是什么？"我的答案是："女人最想要的是平和、自由与喜悦，是可以不断品尝的幸福。"女人最想要的这些，并不需要祈求上天的恩赐，也不是某种稀缺资源，而只是每个普通女人都可以用心经营的生活艺术。一名新时代的女性，不要做攀缘的凌霄花，要去做一株独立的木棉，品格是树根，自信是枝干，财富是宽大的树冠，仪表是红硕的美丽花朵，和谐幸福是人生成果。每个人都拥有的学习力是生命力的体现，希望人人都能不因天赋而受限，不因贫穷而受困，不因家庭关系而烦恼，通过自我的学习成长，成就幸福美好人生。

杨绛先生在《一百岁感言》中写道："一个人经过不同程度的锻炼，就获得不同程度的修养、不同程度的效益。好比香料，捣得愈碎，磨得愈细，香得愈浓烈。我们曾如此渴望命运的波澜，到最后才发现：人生最曼妙的风景，竟是内心的淡定与从容……我们曾如此期盼外界的认可，到最后才知道：世界是自己的，与他人毫无关系。"

如果我的改变历程让你心动，那就快快打开这本书吧！希望我掉过的坑，你能绕过；希望我受过的困扰，你能解脱；希望我采集百花酿成的蜜，你能品出甜；希望你珍惜每一天的时间，把日子过成诗，把人生塑造成自己最喜欢的样子。

我爱你，爱你们，感恩有您！

自序 用心经营 ｜ Ⅰ

第一辑　做"财女"，不为钱发愁

你最珍贵 ｜ 002
好房子总是贵的 ｜ 004
使用金钱的规则 ｜ 006
尊重花钱的差异性 ｜ 009
物质财富 ｜ 012
隐形财富 ｜ 016
如何拥有财富 ｜ 019
投资的时机 ｜ 022
骗子 ｜ 024

第二辑　我的婚姻我做主

一见钟情　| 028

简单的快乐　| 030

常有理　| 032

买菜　| 034

偷得浮生半日闲　| 037

失败的沟通　| 039

白发谁家翁媪　| 041

明天去离婚　| 043

做观念　| 048

我变了，世界就变了　| 051

第三辑　亲亲宝贝，这一切都是爱

梦　| 054

儿子是个小老师　| 056

幸福这么近　| 057

并不是只有一种活法　| 058

向孩子学习　| 059

孩子眼里的妈妈　| 061

孩子怎样吃才健康　| 064

妈妈，我累了 | 066

赵老师 | 068

学习那点事儿 | 069

自信与自爱 | 073

教育就是爱 | 077

孩子不肯做家务怎么办 | 080

家庭沟通 | 082

小学生的培养重点 | 084

感恩励志夏令营 | 086

我为什么笑 | 090

小乞丐出发了 | 092

我错了吗 | 096

读《妞妞》 | 098

乍暖还寒时候 | 100

心之所向，素履以往 | 102

第四辑　亲情深厚，天空辽远

清明扫墓 | 106

外公和外婆 | 108

外婆病了 | 110

妈妈与小兔 | 113

手足情深 | 115

乌龟和兔子 | 118

孩子眼中的世界 | 121

看星星 | 123

第五辑　永远活在自我成长的空间

放松、尝试、惊喜 | 126

三十岁的感悟 | 128

终生教育 | 130

女人四十 | 132

读《靠垫》 | 134

认真地老去 | 136

我爱读书 | 139

了解自己 | 141

读《聪明人和傻子和奴才》 | 143

生命的力量 | 145

时间与复利 | 148

接纳自己的情绪 | 151

不痛就不动 | 155

美，很重要 | 158

花点时间创造美丽 | 160

珍珠之道 | 162

由知识到智慧 | 165

朝闻道，夕死可矣 | 169

关于改变自己的箴言 | 172

第六辑　女人就要拼得了职场，上得了战场

万年青 | 174

升职 | 175

天生我材必有用 | 177

站在高处 | 180

在对立关系中成长 | 183

关于事业的思考 | 185

经验与能力 | 187

直挂云帆济沧海 | 190

命运共同体 | 192

最美志愿者 | 195

第七辑　有一颗公益心的女人才最美

岳麓山与公益 | 198

"芝麻开门吧"成立之初 | 200

大富翁游戏 | 202

分享最快乐 | 204

"芝麻开门吧"的规划 | 206
孩子们的辩论赛 | 208
神经语言程序学（NLP）的十二条信念 | 212
学习"彼岸·爱阅坊" | 217
伙伴们想要的"芝麻开门吧" | 220
体验系统排列 | 225
减压密码 | 229
爱的益友 | 231
规划人生 | 236
谁是你的亲人 | 241

第一辑
做"财女",不为钱发愁

你最珍贵

同事李哥抱怨老婆喜欢买、买、买，还特别喜欢打折时买很多，常常买回来一堆闲置物品，或者是来不及消费就已经过期的食物。

我笑道："原来女人都一样。"我也曾为了买到品质优良的商品而加入一些打折购物群。新商品推出时，我看到有人发出感叹："为了买、买、买，连续几个月要'吃土'。"可"吃土"归"吃土"，下次买东西时依然绝不手软。

在网络新闻中，也时常有报道年轻人购物成瘾深陷贷款危机，被逼卖房还债等等。"6·18"也好，"双11"也罢，商家诱人的打折、拼单、送券的促销政策，让人们买到几乎失去理智，到底是利用了什么心理动力？

大多数消费者买到物美价廉的商品，会比拥有物品本身更加愉悦。卖古董、卖宝石的商人最喜欢用的推销词语就是"捡漏"。有的人买到物美价廉的商品，不仅会觉得自己的金钱发挥了更大的作用，还会感觉自己运气比别人好、更聪明、机遇好……总之，意外买到一件超值的物品会比单纯买到一件不议价的物品，更多一些美好感受。但是如果不幸买到性价比不那么高的物品，或者仅仅是因为得知别人比自己买得更便宜，心情也会变得失落。

几乎所有的商品，都因为满足不同人的需要而存在。

比如服装。西班牙王后莱蒂齐亚穿3000元人民币一条的裙子也可以将自己打造成全世界最会穿衣王后。英国王妃黛安娜三件20世纪80年代的旧衣服拍卖到30万美元，合人民币200多万元。服装虽然价格相差巨大，穿衣服的人同样来自皇室，同样美得惊人。

我也喜欢买、买、买，常常为好奇心买单。通过购买来研究服装、珠宝、汽车、房子、股票等有价物品，我发现了一个商品的共性。

任何名称一样、物理化学成分相同的商品，其本身的品质有巨大差别，表现出来的价格差异更加巨大。比如，都叫蓝宝石，有几百元一串的，有几百万一颗的，还有价值连城、有价无市的，还有摆在博物馆供人们参观的。

商品价格的差异取决于什么？薛兆丰教授在《薛兆丰经济学讲义》中指出，商品的稀有程度和人的评价，确定商品的价格。因为有评价之人的存在，赋予商品价格；也因为评价人的不同，导致优质物品有物美价廉的机会，也导致劣等物品有漫天要价的机会。人的评价，会因为环境、文化的不同而产生巨大的差异。比如在沙漠里，水比黄金珍贵；君子以德为宝，小人以利为宝。宋人子罕曾留下名言："我以不贪为宝，尔以玉为宝，若以与我，皆丧宝也，不若人有其宝。"

了解一点经济学与心理学，最大的好处在于可以指导生活。看到价格与价值的偏离曲线，你就知道，高价格与高品质并不绝对平衡。无论收入高低，都可以在自己的经济承受能力以内，找到合适自己的服装，打造具有自己特点的时尚品位。在某宝上，一件白色小西装，价格从几十块到几千块，都具有白色西服的共性。从评论来看，穿在买家身上，同样给他们提供了美好、舒适的感受。穿几千块的美好舒适的感受会比穿几十块的要多100倍吗？根据边际效率递减规律，高价服装带来的舒适感增加并不会与其价格的增长成正比。

年轻人为了购买超出自己支付能力的奢侈品和电子产品，去网贷，去卖卵、卖肾，去做一些无底线的事情，追求"过把瘾就死"，其实是败在心瘾上。当他拥有或者使用这样的物品时，他就觉得自己具有了品牌文化积淀的高级感。其实他没有看到，这个世界上真正最高级的是人，每一个人都是世界上独一无二的绝版孤品。有了人对于自我的肯定，任何物品都不能增加或者减少人的高贵。

从人的一生来看，年轻时所拥有的健康和青春，才是世界上最稀缺的资源。这才是多少钱都买不到的稀缺资源，每人只有一次。用自己拥有的无价之宝去换取有价的工业品，不是彻底的傻瓜吗？把能够评价所有商品价值的人，放在商品的位置去标个价，难道不是回到了奴隶社会吗？把人降为物，文明何在？

好房子总是贵的

1998年冬天，我和先生大树结婚不久。在校园里散步的时候，他总是会带我去看一块空地，那里正准备动工修建职工宿舍。我们俩看着那一栋房子从地基开始一点一点长高，直到建成。大树告诉我，这个房子90平方米，职工集资购买要6万元钱，不过我们没有购房资格。

有一次散步看房的路上，大树遇到了一位同事大姐，她也去看房子。大姐告诉我们，她经历过3次学校集资建房。第一次，要交1万元，她觉得太贵，没有报名，后来看到别人住新房子，很后悔。第二次，要交3万元，她觉得比上次贵太多，又放弃了，再一次后悔。第三次集资建房，就是这一次。虽然买房子的钱比上次又多了一倍，她很坚定地交了钱。她说，房子总是贵，越不买越贵，不如早买早享受。

我想，我的月工资只有400块，6万元要不吃不喝存上12年半才付得起。可我看到那新房子，尽管没有购房资格，也没有钱，还是很想买。大树又说，这个房子可以用公积金贷款，首付只要2万就够了，每月还公积金也只要一两百块。我忍不住说："要是我们有购房资格，就算是没有钱，借钱也要买。"大树说："为什么？"我说："因为我们的工资会涨的呀！现在觉得贵，将来就不会觉得贵了。"

儿子小树出生以后，我们一直住在公租房里。因为和邻居共用阳台，刚学会站栏，还不会说话的小树，手指被邻居家的小女孩咬伤。得知这件事情以后，我把心一横："一定要马上买一套有独立空间的房子！"我打听到，几个月以前，同事们已经在公司附近买到了经济适用房，现在同一个楼盘还有商品房在售，每平方米比经济适用房贵了600元，卖1980元每平方米。以我当时每月800多元的工资收入，买一套90平方米的房子不吃不喝要存18年半。我算了一下，买这套房首付6.8万元，月供1000元，20年可以还清贷款。我和大树商量，我们先去借首付，月供拿出一个人的工资来还，平时用钱省一点，周末去父母家蹭个饭，应该能够把房子买下来。他不反对我买房子，但不肯去借钱。我不管三七二十一，找他的姐妹和我的闺蜜同学借钱，三万两万、三千五千地凑齐了首付款，又拖着大树去选房，交了2万元订金。

  刚刚订了房，又传来消息说，公司会给职工分配最后一批福利房，已经购买商品房的职工没有分房资格。我心想，如果能够分到公司里面的旧房子，上班会比买外面的商品房更方便。我又和大树商量，到底是买新房子还是等着排队分旧房子呢？大树说："每个月要还1000元的房贷，还是有压力，不如等着公司里分的房子吧。"我也犹豫了。本来两个人的收入就不高，每月拿1000元出来还贷款，借来的首付不知道何年何月才还得清。在售楼部，我第一次得知，买商品房，除了首付之外，还要交2万元左右的契税和维修基金。听到这个消息，我一个多月以来一直绷得紧紧的心弦都快要断了。我只好打消了买商品房的念头，找开发商退回了订金，继续在租住的公租房里忍受生活的窘迫。

  2010年，公司又有一次集资建房的机会。当时的我，虽然没有外债，但也依然没有存款，每月工资只有2000多块。同事大姐对我说："你如果10年之内不打算换工作，我劝你最好买一套公司的集资房。"我看着她，很无奈地说："要一次性交10万元，我连1万元都没有。"大姐同情地对我说："不要害怕，10万元你和你爱人一人去借5万元，不就够了吗？我也可以借点钱给你。"听了她的话，我心里很感动。我想，找一个朋友借5万元可能有点难，找5个朋友每人借1万元，应该不困难。我一回去就找大树商量，要他想办法筹钱买房子。我给他算了一笔账，如果这次不买公司的房子，10年之内都不再有这样的机会。新房子建在公司A区，小孩上学和我上班都比原来的旧房子更方便。而且，根据我们现在的工资水平，买这套房子的费用，只要拿出5年全部的工资就够了，性价比比我们前面两次想买的房子都要好得多呢。大树被我缠得没法子，只好去找他的兄弟们筹钱。

  这套房子买下来3年以后，我们不仅付清了全部房款，还凑够了装修款，甚至把全房家具都换了新的。回头一看，我自己都很奇怪那段时间怎么会有这么多钱向我涌来。舅舅笑着告诉我："当你要办大事的时候，就会有大钱来。"

  我很庆幸在人生的关键节点上有同事大姐支招，是她的鼓励让我有勇气越过了"缺钱"的障碍。从此我明白，如果决定要做某一件正确的事情，就去想办法克服困难，努力达成。所有的障碍，都是可以转变的。虽然好房子总是贵的，但你的收入若能比房价涨得更快，对于你个人而言，房价收入比反而会降低。

使用金钱的规则

在经济学理论上,金钱有个专有名词"货币"。我这里说的金钱,仅指我和大树的劳动报酬等收入,在物理形态上,可能是现金,也可能是银行存款。

小树3岁多的时候,有一天大树在午餐时交给我2000元现金。小树第一次看到红红的一大沓"毛爷爷",激动得眼睛一亮,大声说:"我要钱,给我钱!"我笑着问他:"你要钱做什么呢?"他说:"买玩具!"我告诉他:"这是要给你上幼儿园交学费的钱,如果买了玩具,没有钱交学费怎么办呢?"他很淡定地说:"去银行取呀!我看到爸爸把卡插进银行的那个机子里面去,钱就出来啦!"全家哈哈大笑:连3岁的小娃娃都知道自己要用钱,那么成年人肯定也都会有花钱的欲望。人人都喜欢两朵花——"有钱花"和"随便花",可如果钱很少,如何花就是个大问题。

每个月收到固定的工资,或者突然发了一笔意外的奖金,应该花掉还是存起来?如果选择花掉,是该给自己换个新手机,还是攒下来给先生添置新车?是给娃娃买奶粉交学费,还是给父母买好吃的尽孝心?如果不想都花掉,那么存多少钱比较合适?花掉的钱都花到哪儿去了?存的钱存在哪里更安全、更保值?你和家人,会因为如何花钱而争吵吗?

《今日女报》的副刊曾经对家庭经济开支等内容进行主题征文,大树鼓励我分享我们家的故事,我的投稿经过编辑的精心修改发表了,还赚了50元稿费。2004年6月25日文章见报那天,大树一回家就急着要了报纸来看。

分分合合经营温馨小家

时下很流行的家庭开支 AA 制，也曾在我们家里流行过一阵。那时我和妻子都认为：男女平等应该体现在各个方面，包括收入和开支，应该给彼此足够的空间。当时我们的工资都不高，但是够用。各人的收支互不干涉，从来没有为钱吵过架。

结婚第一年的年底，我得到了 1000 元的优秀员工奖，相对于几百元的月收入，这笔钱可真不算少。那天我喝了点酒，带着薄薄醉意很高兴地回到我们的小家。我想，老婆工资不高，现在我发了一笔小"财"，分给她一小半，让她高兴一下也是应该的。

一进门我就得意地告诉她我发了奖金，1000 元，然后立马打开钱包，大手一挥分给老婆 400 元。她开始挺高兴的样子，可看到我分钱给她，笑容出乎意料地凝固了，话也不说一句，钱也不要。我心想：不好，可能是嫌少。也是嘛，老婆嫁给我，成了我的另一半，分钱也要给一半才对。我自己想多拿 200 块，怎么说也有点不太那个。好吧，男子汉大丈夫，不和小女子一般见识，我很大方地说："那就给你 600，我拿 400 吧！"

可是，老婆不但没有笑容，大眼睛眨一眨，竟然掉起泪来。

我可真有点不明所以了："那……都给你，你别哭好不好？"

半夜里，老婆翻来覆去，长吁短叹，把我弄醒了。看到她泪汪汪的样子，让我好生难受。"你到底想怎么样啊，都给你还不行吗？"没想到，我这一问，她倒说出了一番道理。

"老公啊，你分钱给我是什么意思啊？"老婆慢条斯理地说："你想过没有，我们还没房子，你准备在租住的公房住一辈子吗？""不是。""我们还没有孩子，你也不准备要孩子吗？"老婆穷追不舍。"不是，不是，我最喜欢孩子了，你赶紧给我生一个。""可是，买房子和养育孩子哪一样不要用钱呢，你有吗？"我只好老实承认："没有。"老婆又说："我打听过了，生个小孩，头个把月一万块钱随便就没了。买房子的首付最少也得要五六万，不存钱行吗？"说到这会儿，我只有点头摇头的份儿了。"每月的工资只够维持生活，要是连奖金也吃光用光，我们就别想有房子和孩子了。""好吧好吧，都听你的。"我宣布投降。

从此后，我们家的AA制就被有分有合的民主集中制取代了。老婆大人制定的经济政策是：合不强求，够用就好；分不平均，合理就行。工资还是各管各的，日常生活开支我们各自负担几项。奖金和补贴等非固定收入由老婆保管我监督，作为供房还贷、养育孩子、旅游、养老等支出的储备金。

现在我们的孩子已经四岁了，两房两厅的房子住得很温馨。经过七年的实践检验，有分有合的理财方法使我和妻子各自有支配收入的自由，子女教育和住房养老也有了保障，比单纯的AA制实行起来更容易，也更快乐。

如果你也像我们家一样从月光族起步，那么家庭经济大权的分配和使用一定要先建立规则，大事商量，小事包容，有分工有合作，矛盾会比较少一些。

尊重花钱的差异性

虽然我们从婚姻最开始就对如何花钱的大方向达成了共识，但仍然会因为性格和生活理念的差异而在花钱方面产生分歧。到底是先买房还是先买车？到底是存钱投资还是花钱消费？我们常常会有不同意见。遇到重大分歧怎么办？至今我仍清晰地记得发生在2009年夏天的一个场景。

当时一家人默默地吃着午餐，大树突然放下筷子，没头没脑地冒出来一句："你对我不好！"我莫名其妙地望着他，等他说下一句："你不同意我买车！"我扫了一眼一个桌子上吃饭的婆婆和孩子，众目睽睽都望着我。尽管买车的事情我和大树私下已经沟通很多次，万万没想到他会给我扣这么个帽子，气得我当场脱口而出："你买去！家里没有一毛钱的存款，只要你能买回来，我绝不反对！"但是我心里想的是："等你借钱买了车，再接着借钱加油，借钱买保险，借钱拉着我们出去玩。"他听我这么说，立马得意地告诉我："我约了表弟下午去看车展。"我心想，原来是给我下了套，明知道我会反对，就变着法子逼我投赞成票。他知道我一贯是"君子一言、快马一鞭"，只要话一出口，我心里面再反对也只能默认了。

晚上他看了车展回来，我问他："你买的车呢？"他悻悻地说："买得起的看不上，看得上的买不起，还是等一等再买。"我幸灾乐祸地哈哈大笑。这事也让我明白，尊重他决策的自由也是件好事。

大树先生不仅爱车，也很重视仪表。他觉得外表美是个人素质的体现，仪表堂堂能够增加人的自信。2018年秋天，我们一家拍了一套结婚20年纪念照。从不肯发朋友圈的他，见人就掏出手机给人家看照片，回来还得意地告诉我，别人夸他"儿子帅，女儿娇，老婆美"。没想到舅舅看了我们的照片却取笑他头发花白，还说我一个正牌夫人站在"老爷"旁边像个姨太太。他心里大约有些不平，立马找了一家美容院做头发，隔一天去一次，说是到过年前，可以白发返青。价格嘛，他说很贵，并没有告诉我到底多少钱。后来别人觉得他做的效果还好，他才告诉人家说要1万多块钱。正是开学季，我给女儿报了个英语学习班，一年12000元。听到这价格，他脸色有点不好看。我注意到他的不快，给他分析了一下我们俩花钱的差异。他愿意为了外表的美丽花钱，愿意花钱买能使用或者能够看到效果的消费品；而我愿意为了无形、无实体的物质花钱，比如投资股票和教育课程。买衣服、家具、房子，我们很容易达成共识；买股票、黄金和子女教育投资与买车、美容美发等消费取向，我们互不欣赏，那就选择互相尊重、理解、包容。

诺基亚最火的时候，曾经有一首歌《我赚钱了》：

> 我赚钱啦赚钱啦我都不知道怎么去花
> 我左手买个诺基亚右手买个摩托罗拉
> 我移动联通小灵通一天换一个电话号码呀
> 我坐完奔驰开宝马没事洗桑拿吃龙虾
> 我赚钱啦赚钱啦光保姆就请了仨
> 一个扫地一个做饭一个去当奶妈
> 我厕所墙上挂国画倍儿像艺术家呀
> 我贷款按揭名牌儿西服手表和电脑咧
> 我能贷多少就贷多少一直还到老啊
> 哎还款的滋味儿是实在难熬谁还谁知道啊
> 所以我们的口号是先发财再传宗接代呀
> 哎我们的口号是先发财再传宗接代呀
> 我以前淋了场大雨就当自己是洗了回澡啊
> 现在分期付款买了个"别野"，
> 为什么？咱用卡咧！
> 我再也不用怕夜叉那个居委会大妈咧，
> 我再也不用怕夜叉那个居委会大妈！
> 我算是扯完了——蛋了！
> 加点儿韭菜花

这首歌曾经是最受欢迎的手机铃声，不知道现在还有多少人晓得。我觉得它描绘的现象时至今日都很有教育意义。到底该如何花钱？我们都知道贷款消费有很大风险，如今政府与银行都管得严，校园贷、套路贷少了很多，但是借钱消费依然非常便捷，回避风险需要严格自律。市场很多理财课都有各种各样的建议，有说要强制存款的，有推荐买理财的，有推荐买保险的，股票黄金期货不必说，甚至P2P、虚拟币都有人推销。而从不上理财课的家人，有了钱买车、买房、买车位，提前还贷，甚至存银行活期。

作为一个认真学习了投资理财专业知识的非主流家庭主妇，我的建议是，一个小家要想花钱不吵架，首先区分清楚什么对家庭最重要。搞清楚什么对家庭最重要的前提下，再弄清楚眼下什么最重要。对我来说，家人的幸福最重要。先生的幸福指标是要有花钱的自由，那就尊重他的需要；孩子的幸福是要基于童年受到良好的教育，那就投入金钱支持她；我自己的幸福是要有多种赚钱的能力，那就努力学习成为"斜杠中年"。在儿子出生后不久，我认识到那个阶段买房子是当务之急，于是全家动员，压缩所有非刚性支出，存款准备买房；经济条件稍好一点，先生说每天骑电动车奔波损害他的健康，那就筹钱给他换车；爸爸生病住院、妹妹买房子缺钱，我把理财的货币基金和股票基金全部取出来应急。

如何花钱，其实是没有标准答案的，谁也不可能给你一把放之四海而皆准的万能钥匙。不妨参考农夫的做法，一年辛勤耕耘，秋后收了几百担谷，留足一家人的口粮，换一点家里要用的油盐布匹，送一点给私塾的先生供孩子读书，再留一点最好的种子播种到资本的池塘里。日积月累，即使算不上"书香门第"，也是个"耕读人家"，比上虽不足，比下也有余。

如果还没有成家，一个人如何花钱就更简单了。你只要区分你的人生什么最重要，当下你的什么需求最重要。如果你觉得世界很大，想去看看，贷款留学未必不可尝试；如果你只想要有个独立的空间，那么咬牙存钱甚至借钱凑齐首付买套负担得起的小房子，比买口红扮靓更重要。如果你还不知道自己到底最想要什么，我建议你一定要存点钱。用你的收入减去刚性支出，剩余部分，拿一半去投资理财积少成多，一半用于学习充电未雨绸缪。千万不要做吃光、用光的"寒号鸟"，更不要做"啃老族"和"伸手党"。如果你的收入还不够你的刚性支出，开源节流就是你马上要采取的行动。

外婆常说："父母有，难开口；丈夫有，隔双手；自己有，拿起走。"外婆用她一生的智慧告诉我，要做个经济上独立自主的女性，我一辈子铭记在心。

物质财富

财富是什么？灵性财商的课堂上，当我被问到这个问题，我不禁微微一笑。广义的财富无非是精神财富与物质财富，我觉得自己对于物质财富的管理还是很有一些心得。物质财富是人的根本财富，包括食物、衣服、住房等物质基础的富有。10多年持续地学习理财知识让我懂得，物质财富并不能简单以购买价格来衡量。按照罗伯特·清崎《穷爸爸与富爸爸》的理论，判断你的车子和房子是不是财富的标准，并不是看你买的时候花了多少钱，而是要看现在它值多少钱，还要看你为了拥有它要花多少钱。假如你2020年花30万元买一辆福特锐界作为上班的代步工具。开了5年，如果不出什么交通事故，也不跑长途，每年用车开支大约2万元，那么这5年你在上班代步这方面花了40万元。那么你的财富是多少呢？还是40万元吗？在二手车之家的网站上，你可以清楚地看到，五年保值率是购入价的45%左右，也就是说按照二手车市场的行情，你这个车可能会以13.5万元的价格转让。你拥有的"财富"经过5年，贬值26.5万元，损失66%。假如你10年没有换车，使用10年以后，购车30万元加上用车20万元，一共在上班代步这件事情上花了50万元。这辆车开了10年，有点旧了，故障也有点多，你觉得不喜欢了，想换一台车。这时二手车市场上这车的保值率是20%，大约值6万元。你投入的50万元现在只值6万元，损失88%。你现在还觉得车辆是你的财富吗？当然，你可能觉得开一辆好车让你感觉自己很富有。请想象一下，如果有50万元和6万元的现金摆在天平上，6万元那一头加上你的面子，你心灵的天平会向哪一端倾斜呢？

那么房子是不是财富？买房子可是升值的！好，我们来看看房子。假如你2017年以市场的平均价格买入长沙市内一套二手房，大约8000多元/平方米，地段不错，生活方便，解决了一家人的生活问题。3年以后房子单价涨到1万元出头，看上去房子比车子好得多，至少不会贬值吧。我们来看房价从8300元涨到10700元/平方米，3年涨了2400元1平方米，年化收益率9.6%，确实超过了市场上大多数的理财产品。如果你要卖出这套房子，住宅需按房款总价的1%~3%交纳契税，中介费按成交价的3%收取，这两项开支加到一起是4%~6%。如果卖房时成交价按每平方米10700元计算，每平方交易手续费为428~642元，你的每平方米实际收益就从2400元降到了1758~1972元，年化收益率7%~8%。得到这个年化收益率的前提是，你非常顺利地卖掉这套住房，享受了所有的免税政策，不需要向银行贷款或者缴纳罚息，买家也如期把房款全额交付。在这种非常理想的情况下，你把这个周期全部完成，至少也要花1个月左右的时间，这期间要不断地请假去办理各种手续，按你的月薪来计算，这也是一笔开支。

按照现在"房住不炒"的国家政策，你只有卖掉手里这套房子才有资格买下一套房子。也就是说，如果房价一直温和上涨，你也只能花更高的价格去换另一套房子，房价上涨给你带来的收益你仍然要投入到买房中去。如果你不换房，一直用来自住，每平方米2元/月的物业费是要交的，100平方米的房子一年开支是2400元，要从你的房产年化收益里减掉0.3%，如果你的房子一直自住，这笔开支也会一直都有。自住房的房价上涨带来的财富，对你而言既不能用，也摸不着，只能和我一样看一看网上的房价走势。

买商铺怎么样？不是说一铺养三代吗？买商铺单价高、总价高、月供高，一般工薪阶层难以承受。非住宅类房屋的交易费很高，税收无法减免：契税按计税参考价的3%交纳；营业税征收税率为5.6%；商铺、写字楼、酒店土地增值税为10%，其他非住宅类房产为5%。假如你买的商铺升值了，价格涨幅的18.6%都要交给国家。还有个人所得税，非普通住房或非住宅类房产为1.5%，拍卖房产为3%……

我曾经与与一个开粉店的老板聊天，他的店开在万科一个超级大盘的底层商铺。他告诉我，他开店的这个近100平方米的小铺子租金每月5000元，一家人经营，只能赚点生活费。我们都以为房东赚了钱，可他说："房东比我还惨，每月还贷款都要一万多。"看到旁边还有很多没有开店的空铺子，用脚指头想一想都知道买商铺也是有风险的。按照罗伯特·清崎的定义，带来收入的是资产，带来支出的是负债。因此，商铺也不一定是财富，连资产都算不上，还有可能是负债。当然，如果你在区域经济刚起步、价格相对较低的时候买商铺，等到商圈发育成熟之后，投资收益也会很可观。

房子、车子、商铺都不一定是物质财富，那食物、衣服是物质财富吗？食物和衣服，有使用价值，可以让人温饱，满足人最低层次的需求，从这个角度看当然是财富。从使用角度来看，自用的车辆和住房当然也是财富。但从保持财富的角度来看，食物有保质期，你如果收藏了10年前的大米，与当年新米的使用价值是不同的；衣服买入时的价格和转让时的价格相比，可能还不如车辆。

房子、车子、商铺、食物、衣服都是有使用价值的，如果不一定算是资产，不值得占有很多，那我需要用的话怎么办呢？曾经在网上看到一个段子："假如你只有1000元，怎样让心爱的女孩成为自己的女朋友？"路人甲说："我把999元都送给她，自己只留1元钱。"路人乙说："花800元租一辆奔驰，100元买一大束玫瑰去表白，再带她去吃碗海鲜粉。"谁会得到女孩子的芳心？结果不难揣度。同样是1000元，给人的感受是不同的，区别只在于花钱人的思维方式不同。

不买房子，不等于没有好房子住。灵性财商的课堂上，老师笑着分享他自己的人生经历。老师曾经在房地产行业工作，为投资高档住宅咬牙买下一栋别墅，只觉得压力山大，后来决定把自己住的别墅卖给一位在深圳工作的"码农"，并且提出房子过户后需要再租住一段时间。买家愉快地回复，由于自己也不能回成都住，别墅空着也是空着，房租随便给一点就好。老师收回了数百万元之后，一家人仍然快乐地住在已经卖掉的别墅里。不是别墅法律上的所有者，并不等于不能住别墅。同理，不买车并不等于没有好车用。不必说现在短期用车有多方便，就是长期用车，只要打开一家租车网，日租、月租、年租任挑任选。不买衣服，不等于没有好衣服出席重要场合。公司门口的制服店里长年挂着西服出租的牌子，即使需要个性化的服饰也有网站可以提供租衣服务。若需要商铺创业，城南城北、北京上海、国内国外，去租一个就行。食物不能租，全国各地的雨花斋都有免费的午餐，你知道吗？

也许你会问到底什么才是物质财富？百度词条的解答是：物质财富分为四类：第一类是根本财富，根本财富就是人的生命物质，即身体。第二类是必需财富，这是与身体温饱密切相关的物质财富。如吃的食物、穿的衣服、住的房子等等。第三类是自然财富，这类财富与必需财富的关系最为密切。

这些财富有土地、领空、海域以及其中蕴藏的人类需要的物质。第四类是创造财富，它是人类获得必需财富的劳动工具和人类对自然财富加工改造使之成为人类生存发展需要的财富。

　　我相信：只有不断学习提升自己的财商，遵循创造财富的客观规律，持续改进自己的思维方式，了解自己生活的这个时代的经济走向，用好自己辛苦赚来的每一笔钱，才是获得丰盈的物质财富的根本解。

隐形财富

还真有《隐形财富》这样一本图书，作者是胡大平。作者从心理层面上研究探讨了个人应该具备的优秀品质信念。书中说：生活中，显性的财富如房产、汽车随处可见；但"隐形财富"如使命、目标、价值观却常常被人们忽略。人们往往认为，这些"隐形财富"虚无缥缈，不切实际。通过对世界成功人士与卓越企业的研究，我们发现他们的共同特点是他们拥有与物质财富看上去毫不相干的社会使命、崇高理想以及价值观。优秀的个人品德与优秀的组织品牌，即使经过上百年岁月的洗礼，仍然光彩照人，生机勃勃。

读上面的理论也许有点无聊。不知道你有没有跟别人借过钱，如果你从来没有跟别人借过钱，你可以试着给身边10个好朋友打个电话，问问他愿意借多少钱给你。不妨用做科研的方式来调查和研究这个问题，收集了你自己朋友的反馈之后，邀请你的朋友也问一问他身边的十个朋友，看看他们愿意借多少钱给他。你一定会发现，同样是关系不错的朋友，愿意借给你的金额和愿意借给别人的金额是不一样的。为什么会不一样？

从古到今，无论穷富，在借钱这件事上，谁都可能经历。美国经济学家查尔斯·盖斯特所著的《借钱》这本书豆瓣评分8.1，讲的是借钱背后利息、债务和资本的故事。透过现象看本质，我想讲的是借钱背后关于信誉的故事。我们都知道企业价值中有一项叫"商誉"，也就是品牌、技术等无形资产价值。如果把自己的经济生活当成一家企业来经营，有没有想过自己的信誉值多少钱呢？

万门大学的创办者童哲在他的创业融资经历中，得知有一位天使投资人愿意为北大、清华的毕业生创业项目投资200万元的定额启动资金，不管项目是什么内容和方向，也不分析项目发起人的具体情况。由此你就明白，如果你有北大、清华的名校文凭,你的信誉评估价值至少有200万元。那么,没有名校文凭的人,就没有信誉了吗?当然不是。1999年,71岁的褚时健因经济问题被处无期徒刑、剥夺政治权利终身,没收个人财产。2002年,因病保外就医后,74岁的褚时健与妻子在玉溪市新平县哀牢山承包2400亩的荒山种橙,开始第二次创业。褚老种橙时的启动资金数千万元,是跟朋友借的。想象一下,你74岁时,有这样的朋友吗?你的信誉,值这么多钱吗?马云说:"我很钦佩他,在他身上能感受到企业家的精神。他是一个了不起的人。"因为拥有企业家的精神,即使他已经74岁,信誉也值数千万。

你拥有什么样的使命、目标、价值观?或者说,你希望自己拥有值多少钱的使命、目标、价值观?台湾佛光山是星云法师创建的中外闻名佛教圣地,号称"南台佛都"。佛光山本是一座荒山,由五座形如莲花瓣的小山组成,星云法师在山上一砖一瓦地建造,发展到现在,寺院建筑规模宏伟,有容纳万人的"菩提广场"和主体建筑正馆,正馆后方还矗立着连基座108米的目前世界最高的铜铸坐佛——佛光大佛。不仅如此,星云法师还先后在世界各地创建200余所道场,并创办美术馆、图书馆、出版公司、书局、中华学校和佛教丛林学院及数十所大、中、小学。

罗伯特·清崎对财富还有一个重要的定义,财富的拥有者不等于财富的使用者。只要财富可以由你使用和支配,即使不是在你名下,也是属于你的财富。从这个意义上说,没有任何个人财产的星云大师是多么富有!

有的年轻女孩子,执着于在婚前索要高额彩礼,要把对方婚前买房的产权证加上自己的名字,甚至为此闹得和恋人分了手。如果冷静地想一想,结婚后你们俩夫妻关系好,爱人的房子不就是你的房子吗?房子里面要添置什么家具,要怎么布置,甚至他的衣服鞋子要摆在哪个地方,不都是你说了算吗?即使你们将来想把房子出租,只要你有能力掌握家庭的财政大权,租金不也是你收吗?你也许会担心,那要是以后夫妻关系不好了呢?那我住到哪里去?唉,傻姑娘,没有谁结婚是为了离婚的,你既然选择他做丈夫,彼此之间至少是有感情的吧?一般情况下婚姻里的矛盾,无非是他希望你越来越温柔、你希望他把你放在心上。好好学习经营夫妻关系之道,就会得到你想要的婚姻稳定、家庭和睦。

当你们年轻时,背靠着背坐在地毯上,听听音乐聊聊愿望多么美好。即使是租房,你们的爱情也就有了家;并不是必须有产权证上写着你的名字的房子，你们的爱情才有家。

当你们一起慢慢变老，人生路上收藏的点滴欢笑，坐在摇椅上慢慢聊。那张房产证上写了**谁的名字**，谁还会在意？与君共白头的承诺价值多少？你是否能够看到隐**藏**在背后的婚姻观念给你的物质财富带来的影响？你有没有想过：世界观、人生观、价值观、使命和信念，才是真正决定有形财富多寡背后的力量？

如何拥有财富

昨晚和姐妹们聊天时,分享了7年前收藏在QQ空间日志中的一个理念:财富的累积与农夫种田其实是一个道理,"春种一粒粟,秋收万颗子",世间的万物都有这样的规律。

季羡林大师在《清塘荷韵》中提到,他曾经在北大的池塘中投入五六颗敲破的洪湖铁莲子,从此心里总是希望有一天突然看到"小荷才露尖尖角",盼望有翠绿的莲叶长出水面。这份期待第一年落空,第二年失望,第三年忽然出了"奇迹",尽管这一年也只长出了五六个叶片。第四年,"在去年漂浮着五六个叶片的地方,一夜之间,突然长出了一大片绿叶……叶片扩张的速度,范围的扩大,都是惊人地快。几天之内,池塘内不小一部分,已经全为绿叶所覆盖。""不到十几天的工夫,荷叶已经蔓延得遮蔽了半个池塘。从我撒种的地方出发,向东西南北四面扩展。"

他说:"天地萌生万物,对包括人在内的动植物等有生命的东西,总是赋予一种极其惊人的求生存的力量和极其惊人的扩展蔓延的力量,这种力量大到无法抗御。只要你肯费力来观察一下,就必然会承认这一点。"

通过资本市场赚钱累积财富的原理实际上与养莲、种稻、种果树并没有什么不同。金钱,虽然是无生命之物,但是它为人类所创造和使用,其发展的轨迹,自然具备了生物的属性。我这样理解,是依据全息理论,"每一汪水塘里,都有海洋的气息;每一颗石子里,都有沙漠的影子。"

如果想要拥有很多很多的财富,就要遵循自然规律,把财富的种子播撒到合适的地方。若把每一块钱当成一粒种子播撒到资本的池塘里,它会像一颗莲子一样,在展叶开花结果时显现出其威力。春天播下的是种子,秋天收获的是比种子多出几千倍、几万倍的果实。

还曾听说过一个荷花理论：一个荷花池，第一天荷花开放得很少，第二天开放的数量是第一天的2倍，之后的每一天，荷花都会以前一天2倍的数量开放。如果到第30天，满塘的荷花全部开放，那么请问：哪一天荷花开得最多？第15天？错！是第29天。也就是说：最后一天开花的数量等于前面所有天数开花数量的总和。这就是荷花理论，也叫30天原理。

回顾我自己的投资历程，可以验证上面两个规律真实不虚。

第一阶段从参加工作算起，到2003年7月，我已经工作了8年，先生工作了十多年，我俩成家五年。收入很低，开支很大，两个人尽管都很努力工作，全部家当是一点家具和电器，零存款。这时我没有理财观念，在身边的人都买房买股票的氛围中，深切而真实地感觉到了自己的穷。

第二阶段从2003年9月开始，迈开了学习投资的第一步。为了今后不再一直穷下去，也为了给儿子攒一点学费，我开始学习理财的文章。领导建议我要把时间用在学习和股票投资上。我就拉着舅舅和哥哥三个人一起学习股票投资的知识，互相推荐好书，每天看书、复盘、写投资笔记。同时尽可能从每月的工资中省下几百元投入股市，在追求财富的道路上蹒跚学步。2004年9月，同窗学姐告诉我一个投资信息，我借钱以13万元首付买下一间收益率接近10%的返租型投资房。为了改善自己的居住条件，方便孩子上学，7年后我卖掉这套房子时，家庭财富增加了一倍，平均年化收益率约20%。

第三阶段是从2010年买下一套自住经济适用房算起。目前这房子的市场价比我当时的买入价增加了3倍。那一年，我还投资6000元，参加了心理咨询师的学习，考取了二级心理咨询师证书。2012年，我响应公司的号召，考取注册投资咨询师资格证。除此之外，我也一直保持着良好的储蓄习惯，每月工资收入除了给孩子上学、自己买书等支出，尽量减少不必要的消费开支。2014年初，经历过两轮牛、熊市，在股市浸淫了十年的经验告诉我，绝妙的投资机会来临，我迅速把投入股市的资金追加了一倍。半年多以后，提前清空价格已经翻了一番的股票，取出的资金再加上一些存款，支付了一套小四房的首付。2014年末，售楼部的冷清局面刚刚好转，我们还可以很从容地跟售楼顾问磨磨价格，120多平方米的四房两厅总价约70万元，首付款也是分期支付。六年以后，小区附近同样大小、品质接近的住宅，价格飙升到170万元。

在长沙这样的省会城市，夫妻俩努力工作20多年拥有两套住房并不值得夸耀，回顾过去只是为了照亮前程。俗话说"贫贱夫妻百事哀"，我的初心是不想让贫穷来限制我的幸福。最开始的 8 年，因为不懂得理财，赚的钱全都用于生活开支，金钱财富的累积为零。第二个 7 年，我从负债起步，归还所有欠款以后，剩下的钱比最初借来的钱增加了一倍。投入大量的业余时间学习投资股市，赚过一点钱也亏得更多，并没有看到一毛钱的效果。第三阶段有 10 年时间，我的投资仍然分为两笔。一笔是金钱，用来买房子和股票，现在房产增值大约有两倍多，股票、基金等流动资产增加了 3 倍，另一笔投资是自己的时间，我的时间增值用工资收入的增长来衡量大约也是 3 倍。10 多年前种下的财富种子开花结果，让我收获了惊喜；花大量时间累积的房产、股票投资经验和工作能力的提升也使家庭财富累积速度加快，真是"好风凭借力，送我上青云"。我已经算不清楚手里的 1 万块钱是不是来源于 17 年前存下的几百块钱或者几百个小时的学习时间，我只知道当年如果没有种下累积财富的种子，就不会有现在的小康生活。看看资产增加的速度就会明白，财富最初的积累是艰难的，到后期才会越来越快。如果我能够活到八九十岁，一定可以看到满池荷花盛开的美景。

季羡林大师是洞见生命真相的觉者，他在细细描绘荷叶发展的势头中揭示的规律，我经过学习灵性财商，读《你值得过更好的生活》《能断金刚》等书籍，结合自己的投资经历，有深刻的认同。财富增长是自然规律，而真正限制自己财富增长的是思想观念。我以前认为要很有钱才能投资，又以为只有金钱才是财富，现在却已经明白，当我有愿意教导我的老师和朋友时，我便拥有了财富。如果没有领导、学姐、公司教我投资股票、房产、考证，我不会走向通过学习获得财富的道路。当我有愿意相信我的朋友和家人，我便拥有了财富。而我最有价值的财富，是时间。每个人的生命不过百年，每一天都是 24 小时，这是世界上最公平的财富。我把时间用于学习，种下财富的种子，日复一日的练习，加上耐心等待，终于等到了莲花绽放的喜悦。中国字里隐含着祖先的智慧密码，"穷"和"富"，都有一个宝盖头，说明天赋是相同的，区别是在后天。"穷"有的是"八力"，一日不作一日不得食；"富"有"一口田"，种下种子，收获万千粮食。

"爱出者爱返，福往者福来"是这人世间幸福的规律。我分享自己获得财富的经验，不是为了"炫富"，而是为了撒播财富和智慧的种子，希望亲爱的小姐妹，终身不为钱所困扰，做金钱的主人，做生命的主人。

投资的时机

最近有好多开心的事！周五晚上去看儿子小树表演的节目，回来的路上捡到5角钱。洗衣服时从棉衣口袋里翻到5元钱！周六晚上散步的时候，我说要陪儿子去买笔袋和钢笔，大树却嫌儿子用笔用得太浪费，老大不情愿。因为这事小树已经跟我说了几回，我摸着揣在兜里仅剩的一张20元纸币，坚持要去给他买笔。小树在笔墨轩翻找了半天，终于买到了又便宜又好的文具，一共花了14元5角。回家的路上，老公突然一个箭步蹿到前面，捡起了一张5角一样的新票子塞到我手里。我正在想，这个5角咋这么大哩？仔细一看，原来是5元钱！儿子高兴坏了，立即心算出来："妈妈，等于我的文具只花了9元5角。"我呵呵笑："怎么能算到你那里，这是明天早上买早餐的钱，4角一个的馒头，买10个还剩1元。"老公大笑，强烈表示同意。

你能想象我们这么节省的一家人，曾经在股市上亏损过数万元吗？在生活中，我们都希望要买的东西物美价廉，买支签字笔都能精挑细选半个小时。要是能捡到钱，更加是无比开心的乐事。唯独在股市上，我们买入一只股票，半分钟的思考都不需要。几万块甚至几十万块的支出，买回的东西到底值多少钱，自己也不太清楚。唯一明确的是我们希望买啥啥涨、卖啥啥跌。要是看好了一只股票，自从买进去就跌，跌跌不休，估计没有谁会像捡到钱一样开心。

为了把亏损的钱赚回来，我花了大量的时间来学习投资知识和训练自己的能力。微观上学习K线系统、均线系统、财务分析、经营分析、市场趋势分析和资金管理法则，宏观上学习宏观经济、财政与货币政策、产业政策、区域经济；每日、每周、每月、每季、每年按时间节点不断复盘自己对股市的分析、判断和操作。日复一日的练习和思考、比较，我觉得最适合我的是巴菲特价值投资法。通过仔细研读《巴菲特致股东的信》，在他的理念和事业发展轨迹中，我找到了真正的成功者与广大失败者的差距。

1966年春，美国股市牛气冲天，但巴菲特却坐立不安，因为他发现很难再找到符合他标准的廉价股票了。1968年，巴菲特公司的股票取得了它历史上最好的成绩——增长了46%，而道·琼斯指数才增长了9%。这年5月，当股市一路凯歌的时候，他清算了巴菲特合伙人公司的几乎所有的股票。

1969年6月，股市直下，渐渐演变成了股灾，到1970年5月，每种股票都要比上年初下降50%，甚至更多。1970年到1974年间，美国股市就像个泄了气的皮球，没有一丝生气，持续的通货膨胀和低增长使美国经济进入了"滞胀"时期。巴菲特却暗自欣喜异常，因为他看到了财源即将滚滚而来——他发现了太多的便宜股票。

反观我们自己，总是在菜市场的大妈都在聊股票的时候急急忙忙冲进市场，打听小道消息，今天买明天卖，忙得不亦乐乎，最后成为买单的人。当股市一片萧条，哀鸿遍野甚至有投资人血溅街头的时候，人人谈股变色，即使遍地都是价格低于公司2/3净资产价值的好公司的股票，也没有人愿意去看一眼，更不用说真金白银地大手买入了。

巴菲特的老师本杰明·格雷厄姆著有《证券分析》和《聪明的投资者》两本书，被公认为"划时代的、里程碑式的投资圣经"。巴菲特在《聪明的投资者》序言中指出："要想在一生中获得投资成功，并不需要顶级的智商、超凡的商业头脑或内幕消息，而是需要一个稳妥的知识体系作为决策基础，并且有能力控制自己的情绪，使其不会对这种体系造成侵蚀。本书能够准确和清晰地提供这种知识体系，但对情绪的约束是你自己必须做到的。"

"如果你遵从格雷厄姆所倡导的行为和商业准则，那么，你将会获得不错的投资结果。能否获得优异的投资成果，这既取决于你在投资方面付出的努力和拥有的知识，也取决于在你的投资生涯中股市的愚蠢程度。股市的行为越愚蠢，有条不紊的投资者面对的机会就越大。遵从格雷厄姆的建议，你就能从股市的愚蠢行为中获利，而不会成为愚蠢行为的参与者。"

2020年2月26日，沃伦·巴菲特以7100亿元财富位列"2020胡润全球富豪榜"第4位。福布斯发布2019年最大慈善捐赠，沃伦·巴菲特以价值36亿美元的股票捐赠排名第2位。他如此富有，也如此慷慨。愿我也能从股市的愚蠢行为中获利，而不会成为愚蠢行为的参与者。愿我也能富有而慷慨，做一个有条不紊的投资者。

骗子

曾经被问过一个问题："如果你知道你面前乞讨的可怜人，其实是被犯罪集团控制的职业乞丐，他躺在这里乞讨一天的收入，可能比你辛苦工作一天的收入还要高，你会不会还愿意给他一点钱？"我从来没有认真思考过这个问题。舅妈却说："你也给不穷，他也讨不富，看到乞丐，还是给一点吧。"姨妈也很赞同舅妈的观点，她走路时看到乞丐，总是会掏出一块两块的零钱打发给他们。

姨妈对自己的生活开支很节省，从来不买很贵的食物，更不舍得买几百块钱一件的衣服或者鞋子。她经常告诉我，小区旁边又来了搞保健品推销的业务员，只要去听课，就可以领到免费的鸡蛋和面条。她常约着身边的老头、老太太一起去听课领福利，觉得又长了知识，还得了便宜。她得意地告诉我："那些人要我买的东西，我是不会买的。"因为她一贯节俭，我很相信她是不会被业务员洗脑买保健品的。看到她因为得到几个鸡蛋、两斤面条高兴得像孩子一样，又觉得只要不上当受骗，她和老年朋友们一起去听听养生保健知识打发时间，也没什么关系。

直到有一天，哥哥打电话给我，投诉说："你劝劝你姨妈，她买了一个几千块钱的石头床垫，说是什么玉石的治疗床垫。上次还买了一个几百块钱的杯子，说是什么保健水杯。明明是上当受骗，我劝她不要买，她还很生气，要和我断绝母子关系。"

听说老太太声称要和她唯一的儿子断绝母子关系，我忍不住哈哈大笑。我笑着问哥哥："你为什么这么生气？"

哥哥说："她是被人骗了！她才多少退休金。能不生气吗？"

我问他："你是因为姨妈乱花钱而生气吗？"

哥哥想了想:"也是。"

我说:"哥哥,你早就说过,姨妈的财产你全都不要,都留给大姐,是吗?"

"是的。"哥哥毫不迟疑地回答。

我又问:"那姨妈花的钱,跟你没有关系啊?"

"可是她被人骗了!"哥哥的声音里有愤慨。

我说:"哥哥,你为了让姨妈开心,愿意花几千块钱带姨妈出门去旅行,是吗?可是姨妈却觉得是乱花钱,不如在家门口的公园看看花足够了。"

"是啊。"哥哥回答。

"哥哥,你要知道,不同的人'乱花钱'的标准是不同的。你知道姨妈每天去听那些保健品课,领了那几个鸡蛋、一两斤面条,她有多开心吗?"

"不知道。"我听到哥哥轻轻叹了口气。

"哥哥,你和姨妈不住在一起。当你不能陪伴她的时候,那些保健品推销员,围着她阿姨长、阿姨短,哄得她多开心,他们甚至会帮她按摩,帮她洗脚,难道不值得姨妈付钱买单吗?"

"……我从来没有这样想过。原来是我错了,以后她愿意买,就让她买好了。她没有钱用,我也会给她的。"哥哥变得心平气和。

刚刚挂了哥哥的电话,姨妈的电话又打了进来。姨妈说:"我买了保健床垫,你哥哥不让我买,还和我吵架。气死我了。"

"姨妈,你真的相信你买的那些东西有那么神奇的保健功能吗?"我没告诉她哥哥也打来电话。

"他们都买了,老李还买了一个1万多块的床垫呢,我买的才8000块钱。"姨妈理直气壮,还觉得自己很节约。

我的天!我心里暗想,你老人家一个月的退休金才多少钱啊,买个破石头床垫8000块。

"别人都买了,所以就是好东西啊?"

"他们说这个床垫是玉石做的,是高科技产品,可以让人睡得好,还能降血压,又凉快,又舒适。"

"姨妈,床垫要是玉石做的,它的成分就是石头,怎么可能又是高科技呢?要是一个床垫能降血压,又能改善失眠,那还要医院和医生干什么?你知道你每天去领的免费鸡蛋和面条是谁出钱吗?"

姨妈说:"难道是我出的钱?"

我又说:"一大群帅哥、美女、'保健医生',一天到晚围着你们这些老头老太太转,你觉得他们不要拿工资、不要吃饭的吗?"

"……"

"你如果根本没有去领过他们的鸡蛋和面条,你还会花这么多钱买这个玉石床垫吗?"

"……"

"占小便宜吃大亏。骗子就是利用你们老年人爱占小便宜的心理,哄得你们天天送上门去给你们洗脑。你看到别人买了,自己也买,到底是因为自己已经了解清楚要买的东西,还是盲目地从众?"

"那我以后不会再去买了。"姨妈也不生气了。

生活中,骗子天天有,被骗不是老年人的专利。资本市场上,被骗的高知人群多如牛毛。如果你不贪恋骗子给你的好处,他不可能骗得到你。如果骗子骗得你心甘情愿,那也是他的本事。如果身边的亲人提醒你小心被骗,请一定要及时反思和警醒,以免被骗得倾家荡产。如果有人总是被骗还执迷不悟,是什么让他宁愿相信陌生人而不相信自己的亲人,值得身边人好好反思。

第二辑
我的婚姻我做主

一见钟情

大学毕业刚刚参加工作,外婆就四处托人给我做媒。那时我不爱说话,不爱笑,也不爱跟人打交道。我的业余时间都用来学习计算机和经济管理专业,时常联系的只有一两位女同学。我年纪不大,外婆却总是说:"女孩子要早点找对象,过了23就25,过了25就30了!"我听了觉得好可笑,哪有外婆这样算年龄的?不过我很听话,外婆说相亲只是见个面,那就见一下吧。

那是一个雨后的中午,我在外婆家吃过中饭,正和小舅舅聊天,听到外婆在楼下叫我。我下楼一看,外婆的客厅里坐了一屋子人。邻居的大爷和阿姨,我母亲和姨妈,还有舅妈,还有不认识的一位阿姨和一位穿着朴素的青年。外婆的八仙桌上摆满了七小盘八大碟的瓜子花生之类的零食,大家在喝着茶聊着天。我默默地走进去坐在妈妈身边。过了一会儿,我偷偷抬头瞄了一眼对面的青年,发现他的脸涨得通红,想来也是没有经历过这么多人行注目礼吧。我心里有些幸灾乐祸。

外面突然传来一阵爆竹响声。外婆笑着说,这是你大表姐生了个男孩子,给你舅舅来报喜呢。过了一会儿,小表姐从门口进来,跟大家打了个招呼,还跟我不认识的那位阿姨说了几句话,又跟对面那个青年也聊了几句。原来小表姐跟他们是认识的啊。这时,我想大家聊了这么久了,一定有些口渴吧,就站起来给每个人都续了一些茶。小表姐聊了几句天,就回自己家了,我也快到上班时间了。于是长辈们接着聊天,青年和我一起去上班。他推着自行车陪我步行,我们一起走了一段路。深秋的雨后,空气格外清新。他告诉我他的工作单位就在我们单位隔壁,不知为什么他以前从未见过我,我也从来没有见过他。上班的地方很快到了,我跟他告辞。

第二天,我又到外婆家吃午饭。外婆问我对男青年印象如何,我随口说道，70 分吧。外婆点点头，嗯，那至少要打 70 分。姨妈告诉我，他们家和外婆家是一个生产队的，住的地方也隔得不远，家境也跟我们家差不多，爸爸工作，妈妈务农。他还有一个姐姐、一个妹妹，都已经成家了。舅舅们对这个青年印象也不错，说他喜欢笑，喜欢跟人打招呼，看上去很热情很开朗。

我心里暗自盘算，这样一个人，他可能会理解我的家境吧？毕竟有这么相似的成长环境。他可真是幸运，有姐姐有妹妹，那么他一定会很理解女孩子的心思吧？他毕竟是成天跟女孩子一起长大。他的职业也跟我父亲一样，那么，他也会像我父亲一样爱学习爱思考，勤奋敬业吧？可是，这个青年，后来一直没有再跟我联系。

两个星期以后，我回家吃饭，爸爸告诉我，有一个年轻人找到他，问我的联系方式。这让我觉得有些意外的惊喜。

从小就睡觉很死很少做梦的我，这个晚上做了一个奇怪的梦。我梦见晚上下班回家的时候，厂门口突然跑来一只大白猪。我远远看见了，心里害怕，赶紧逃往侧面的小门。没想到这猪直接 90 度拐弯，横冲直撞，又把我通向侧门的路给堵了。我害怕极了，飞快地逃进了传达室。传达室的同事不明所以，拉着我坐下来说话。我刚坐下来，这只大白猪竟然也跟着进了传达室！它直接冲到了我的座位旁边，这下我无处可逃了。一阵慌乱过后，我惊醒了。醒来后，我也没有跟别人说起过这个梦，也想不明白这个梦意味着什么。细细体会，虽然大猪吓了我一跳，可是它冲到我身边时却似乎没有伤害我的意思。

无论如何，这个梦没有影响到我的心情，我开始约会了。

半年以后，大树就向我求婚了，他的理由之一是我们马上结婚就会有排队分配单位公租房的资格，如果错过这次，以后再没有机会了。还有一个理由是，我们结婚之前没有好好谈恋爱，结婚以后可以谈一辈子。我心里很犹豫，觉得对他并没有了解到可以结婚的程度。

在对他不够了解的情况下，我假设结婚有三种结果：一种是婚姻和谐，一种是能凑合过，一种是凑合不了离婚。如果三种可能性各占 1/3，那么维持婚姻的可能性有 2/3；离婚的可能性虽然有 1/3，但是也有 1/3 的机会可能会过得很幸福。

我决定勇敢地迈入婚姻，基于这个简单的概率算法。我觉得与孤单寂寞相比，结婚还是值得一试。

简单的快乐

张小娴说:"有个懂你的人,是最大的幸福。"他能读懂你,能走进你的心灵深处,欣赏你的一切。他不必多完美,总是会默默守护你,欢喜你的欢喜,忧伤你的忧伤。他不会说许多爱你的话,却会做许多爱你的事。

我常常想,我的人生真如张小娴书里面写的那样:"假如人生不曾相遇,我还是那个我……日复一日地奔波,淹没在这喧嚣的城市里。我不会了解,这个世界还有这样的一个你,只有你能让人回味,也只有你会让我心醉。假如人生不曾相遇,我不会相信,有一种人可以百看不厌,有一种人一认识就觉得温馨。"

昨天,大树带着我和姨妈、舅妈、表妹去爬山。姨妈爬了几级,觉得身体吃不消,先下去了。我们和舅妈、表妹接着爬。登上一个小山包,本来阴阴的天,似乎有点点暖阳漏出云层,使人心情很有些舒展。舅妈很开心,大声唱起歌来。没想到她一呼百应,对面的两个山峰里都有人应和。表妹本来有些感冒,喉咙很痛,也忍不住大喊几声,呼出胸中郁积。

下得山来,我和表妹荡秋千。是那种小孩子玩的秋千,很矮,腿都伸不直,我们俩还是忍不住在上面荡了好久。再看旁边,还有一个跷跷板,姨妈和舅妈两位老太太坐了上去。我很担心,大叫:"要小心,不要玩得把血管震破。"姨妈说:"五十年没有玩过跷跷板了,很开心。"

草地上还有一匹铜马,马背上十分光亮,似乎有不少人爬上去过,旁边还有踏脚石。我也想爬上去,可是觉得铜马太高了,上不去。大树好像知道我的心意,站在我旁边问:"你上去不?"我点点头,他就托着我的屁股,一把把我推上了马背。我骑上马,真的没觉得比骑真马更好玩。只是觉得大树好有劲啊,这么胖胖的我,居然很轻松地把我给推上来了。等到想下来时,就更狼狈了。我穿着牛仔裤,硬邦邦的,好不容易才把脚从那一边别过来,扶着大树才跳下马。后来表妹也在舅妈的帮助下爬上了马背,还向我演示了一下漂亮潇洒的下马姿势。呵呵,下次这种出洋相的事情还是留着给别人去干吧。

接下来,却出了一个更大的洋相。

我想玩跷跷板,大树很忠实地跟过来陪我玩。才玩几下,他就坏坏地把我高高地翘在空中,我怎么努力也不能把自己这一头压下去,只好紧紧地抓住扶手。他看到我不求饶,就把跷跷板放松一点,我以为抓到了机会,正想报仇,突然他又用力,狠狠地蹬了我一下。看到我紧张的样子,他大笑,又蹬了我几下,吓得我大叫。姨妈看到我的熊样,就连忙指导:"你向后仰,就会下去。"可是我无论怎么仰,都不能把大树压下去。他得意地大笑,我急得汗直冒。他终于玩腻了,把我放下来。这下我要"报复"!我拼命地压住跷跷板,让他也在上面下不来啦,哈哈!得寸进尺,我也想把他狠狠地"蹬"几下。可是,只要我松一点儿劲,大树就会直接掉到地面上来,而我就会又升到上面去,我很遗憾地发现自己根本无法控制局面。我只好咬牙切齿死死地压住自己这一头,心里想:"哼,就算不能蹬你两下,也要把你挂在空中凉快凉快!"

正玩得高兴,眼尖的大树突然发现我的鞋底大概踩了什么脏东西,让我快下来清理清理,我只好乖乖地下来了。

和大树先生在一起,我常常会不知不觉变成小孩子,因为很简单的小事情开心。我总是想起邓丽君的一首歌:"如果没有遇见你,我将会是在哪里?不知道会不会,也有爱情甜如蜜……"

常有理

今日是二伏,长沙有吃伏鸡的风俗。头伏时大树出差不在家,我自己没有做过路边姜炒鸡,那天早晨买菜时觉得有点畏难,就没有买鸡吃。昨天就跟他商量着,二伏要做只伏鸡来吃吃。

早上起床,凉风习习。我下楼准备骑车去买馒头,看到楼下的阿姨们都在花盆里面种着的蔬菜跟前忙着呢。我向她们问好,李阿姨见我一个人取车,好奇地问我"到哪里去?"我告诉她:"买馒头去。"她笑道:"平时都是你丈夫买呀,今天他发懒筋吧?""哈哈,是的。"我笑道。平时我俩会一起去买馒头,有时我没起床,他就一个人骑车去。今天轮到他不想起床了。阿姨又说:"反正你平时要锻炼的,骑车也是锻炼嘛。""是的,阿姨,我走了。"我笑着跟阿姨告别,骑着赛车往湖大去。湖南大学的馒头是我家最爱的老面馒头,价格便宜,分量足够,放暑假不歇业,是我最喜欢的早餐之一。大树说,昨天晚餐剩下的白辣椒烧肉和蕹菜梗子,正好配馒头吃。

买了馒头回家,两父子都还在床上趴着呢。先吵醒大的,告诉他:"我今天要吃鸡!"他笑着起床,一边问我:"你喊你表妹来吃不?我最喜欢大家一起分享了。"这是个很好的提议。我心里想,表妹怀孕了,她又爱吃大树做的菜,我打电话看她愿不愿意来。"我问她一下,她来的话我就告诉你。"再看看小的,摸了两下他的脸蛋都不醒,看来昨天去"快乐大本营"现场,太兴奋了,就让他多睡会儿吧。

小树昨天晚上 11 点多了还不肯睡,眼睛亮闪闪地告诉我看到谢霆锋、何炅等一众明星。他还说,幸福的家庭真的都是男人做饭呢。昨天他就亲眼看到谢霆锋和另一位明星表演厨艺。关于这个话题,我侄女也跟我探讨过。我当时镇定自若地告诉她:"幸福的家庭是男人和女人都会做饭。"侄女虽然 20 岁了,可还不会做饭。她听了我的话马上对我说："小姨，你教我做饭吧，我想学。"我分配了择菜、洗菜、洗碗的工作给她，她干得很开心。一心为了给自己未来的幸福生活做好准备的小妞儿呀，真是很努力。赞一个！

今天我又进一步思考了"家庭中谁做饭"这个问题，对大树说："在长沙这种接近40度高温的天气，在厨房里忙活的工作还是更适合男人。理由是：不管男人多少岁，他都喜欢年轻漂亮的女人。女人站在火炉前烟熏火燎，温度太高，容易老化。女人老了，男人就不喜欢了。如果换成男人站在炉前掌勺，虽然也会容易老化，但是俗话说：'你老我不嫌，只要你有钱'，年轻漂亮的女人是不会嫌弃会掌勺的男人的，即使是老男人。"

大树听了，很无奈地对着我哭笑不得："反正是你有理。"丈夫在家里对我一向是"秀才遇到兵，有理说不清"。哈哈，谁叫我是"常有理"？

买菜

爱是一种能力,品味幸福的能力。只要你品尝过幸福的滋味,你的心灵里自然就会有爱的能力。爱是有一颗温柔善感的心灵,善于感受生活中的一切美好。爱情是以物质为基础的精神享受,是"闲时与你立黄昏,灶前笑问粥可温"。

周末最喜欢做的事情是早上和大树一起去买菜。秋天的菜市场,嘈杂拥挤而又乱中有序。小摊小贩们只供应一两个或者三四个品种,汇聚到一起却充实丰富,物美价廉。左边是一排水果摊,红的苹果、黄的香蕉、紫的葡萄、绿的冬枣、褐的板栗……右边摆的是蔬菜地摊,红的苋菜、胡萝卜、黄的土豆、南瓜,绿的娃娃菜、小白菜、蕹菜、黄瓜、丝瓜……

我的目光突然被一箩筐核桃吸引住了。卖核桃的少妇长得白皙明净,正笑呵呵地跟旁边一位女顾客聊天。核桃有健脑益智作用,又能补气养血、润燥化痰,我正想买一点。她卖的是黑褐色的纸皮核桃,个头不大,看上去很新鲜。一问价格,25元一斤,比我家附近的零售店便宜5元呢。和她聊天的阿姨看到我们问价格,就介绍说:"她的核桃最好了,我总是在她这里买。"少妇听了很高兴,热情地说:"是的咧,我每年只卖几个月的核桃,每次来都会摆到这里,都是回头客照顾我的生意。"我听了很心动,马上说:"买两斤吧。"少妇刚把我要的核桃过完秤,又热情地招呼路过的一对夫妻。男人听到她的招呼,回头笑着点头:"是你呀,你又来了。等下我们买完菜就来买你的核桃。"听到男人这样说,我很开心。都说菜市场常有"托儿",可我遇到的是真心实意向我介绍好东西的好街坊。

在拥挤的人流中向前刚挪了几步,又看到一个年长的阿姨卖她自己做的烫包菜,用一个菜盆盛着,米黄的颜色,看上去干净脆爽。我们喜欢吃略略有点酸味的烫包菜，却很少有工夫自己来做。大树要阿姨称了一些，阿姨用塑料袋装好递给他。大树付过钱边走边嘱咐我："你中午炒的时候先炒干水汽，知道不？"听了他的话，阿姨倾过身子大声对我说："我的菜不用炒干水，已经很干了，你直接放油放盐炒，再放点干辣椒，很好吃的。"我看到阿姨脸上真诚又自豪的笑容，连连点头，说："好的，好的。"

前面一堆人头挨着头，都弯着腰不知道在干什么。守摊子的中年妇女也不管他们，坐在正中间手里拿着个面饼大口地嚼。我伸长了脖子看过去，原来她们正在挑选鸡蛋。女人在地上垫了一层厚厚的谷壳，摆了好多鸡蛋，有些鸡蛋上面还沾着星星点点的鸡屎印子。大树立即也弯下腰，在人群的缝隙中伸长了胳膊，像抓娃娃机的吊臂一样捡起鸡蛋来。卖蛋的女人一看，连忙递给他一个袋子。不一会儿，又过来一个人，在我觉得怎么也挤不进去的人缝里，他居然找到了地方蹲下来捡鸡蛋，这下我能把他们看得清清楚楚了。之前慢挑细选的那几个人，速度明显加快。一眨眼工夫，白花花的鸡蛋就都分到了各人的袋子里，中间只剩下一片黄黄的谷壳和两三个沾满了鸡屎的小个子鸡蛋。大家都一同收手，不想要了。我看得忍不住笑起来。

卖蛋的女人狼吞虎咽地吃完饼，一个一个地为大家过秤。我笑大树："你这明明是抢蛋嘛。"他也笑了："动作不快点就买不着了呀，买菜可不是请客吃饭，用不着讲客气。""你知道这个人卖的是土鸡蛋吗？"我又问。大树说："当然了，一看就知道，她是从乡下来的。"我想起上次买菜时，也是看到有一大堆很新鲜的辣椒，我正准备买完了肉再去买。结果只一回头的工夫，辣椒就被一群人瓜分完毕，我只得空手而归。我觉得在菜市场买菜的人，个个都是心明眼亮、眼疾手快的识货行家。要是没有这样的功夫，真正的好菜就算是放在眼前，也是无法摆上餐桌的。大树是我们家的"厨神"，朋友三四也都爱吃他做的大餐，原来他买回家的本地最当季美味蔬菜，都是这样"抢"到的。

大树常常在菜市场买菜，跟卖菜的小摊贩都很熟悉了，逢人就打招呼。跟着他在菜市场逛了一圈，看到的都是卖菜人脸上真诚愉快自豪的笑容，他们会很坦然地大声招呼我们："我家种的菜真的好，你多买点回去，保证你下次还会想来买呢。"

我很感动于卖菜小贩们的热情与奉献。他们都是辛勤的劳动者，用自己的智慧和汗水获得土地的馈赠。他们应时而作，要耕耘播种、浇水施肥，还要祈求老天爷给力配合、风调雨顺。今年天旱，种菜更是辛苦。当他们辛勤劳作之后，总是把最漂亮、最美味的劳动成果奉献给顾客，对大家挑剩下的"歪瓜劣枣"毫无嫌弃，留给自己带回去享用。他们有大智慧，真正知道无论外表如何，一样的种子结出的果实味道总是一样好。

大树待我，也像种菜卖菜的农民招呼顾客一样，热情厚道、甘于奉献、不辞辛苦、从不计较，日复一日的三餐粥饭，饱含多少深情厚谊，我却以为是平常。

身边常见到有人择偶要选择光鲜亮丽、完美无缺、非富则贵、高高在上的"成功人士"，却不知道生活中的安宁和快乐与别人的眼光无关，与外界的成功无关。如果让我来选择，宁可不要"成功"的光环，即使嫁个早市上卖菜的小贩，也爱他懂得用劳动创造价值，每天也可以过得踏实、快乐、安详。

偷得浮生半日闲

这是一个下雨的周末。前一天约好了今天一早要去周姐家帮她修电脑。懒觉睡不成了,紧跟着上学的儿子和上班的老公后面爬起了床。早饭也没顾上吃,先到办公室去取 U 盘,找 windows 优化大师。真奇怪,竟然找了半天也找不到。眼看着时间已到了 8 点 40,肚子也饿得咕咕地叫了起来,不知道 10 点之前能不能赶到周姐那儿,心中有些烦躁。

这时手机响了。是周姐来的电话。我心中升起疑惑,她是催我快点过去吗?"沙沙,我们小区昨夜停电了,到现在也没有来电。不知会什么时候有电……"原来是这样。看看天色变暗,竟然又下起雨来。我心中暗道:好极了,今天就是一个应该休息的周末。

回家蒸几个银丝卷做早餐,半躺在床上边吃边看《电脑迷》。

雨越下越大了。听着沥沥的雨声,倦意袭来,朦胧中我似乎见到了青绿的禾苗在雨里唰唰地抽条,隐隐飘来的稻花香里,我沉沉入梦。

老公中午下班回来,看到我还睡在床上很惊讶:"你还在睡?不是要出去吗?我发给你的信息看到了吗?"

短信?迷迷糊糊的时候手机似乎响了一下。我闭着眼睛伸出手:"什么短信?给我看一下。"老公把手机递过来,屏幕显示"收到一条短信",按下显示键,那句话是"爱你想你一生一世"。

"哇!"我顿时睡意全消。立马起床黏到老公身边做小鸟依人状。"好了好了。"老公一把推开我,因为他正拖地板,一身汗。

老公收拾完屋子,躺到儿子小床上休息。我起床随便吃了点东西,又挤到他身边躺下。老公给我一个无可奈何的笑。我说:"多好的周末呀。你们都不在家,下着雨,又凉快。"我靠着老公坚实的臂膀,很无赖地说:"我觉得下雨天在家睡觉是最大的幸福!"

……

轻轻的关门声。

我睁开眼睛,身边的老公不见了。

那轻轻的关门声,是他离开的声音。

我再也睡不着,躺在床上百无聊赖。思念像一阵无边的雨,席卷而来。

终于盼到大小宝贝回到家里,一起看动画片《葫芦兄弟》,吃晚饭。电话铃响了。原来是《今日女报》的汇款单寄来了,传达室的师傅叫我去取。稿费70元。真开心!

努力吧,加油吧,休息好了的人!

失败的沟通

周五中午,电视里在放《你是我爱人》,企图瞒天过海的何春生被老婆上来给一大耳光,正在得"理"不饶人地训斥老婆,他正说道:"我们结婚这么多年,我动过你一指头吗?"大树突然说:"你知道那天我为什么那么生气吗?我一回来,还没脱鞋你就冲过来用筷子戳我……"

他不说这事还好,说起这事我的怒气一下上来了,又跟他吵一架。孩子什么时候上学去了我也不知道,都忘记跟他说再见。

洗过碗、晾了衣,一看快下午两点半了,他还闷在沙发上看电视,很不开心,一脸没想通的样子。我走在上班的路上,心想,即使他承认了他确实是自私,把自己放松的需要置于我上班的工作需要之上,置于孩子打针需要陪护的需要之上,那又有何作用呢?他不还是你的丈夫,不还是那个你要和他过一辈子的人吗?

我能想到的办法,是当不能和他同步的时候,就收起我的依靠;但是我做不到等他回家以后,还能控制我的怒气。即使在孩子面前,我也很难做得到。

而他想的是:我只不过……我不是回家了吗?你为什么不能原谅?

为什么我总是要原谅?

他说他也原谅了我,因为我周末休息的时候也出去玩了。可是,如果他不是先出去玩,我怎么会把他一个人扔在家?

为什么我总是要尽力做到最好,而他却需要我原谅?我不能,做不到,这个时候,我的爆发,就需要他来原谅了。

可是,我怎么才能面对他的刺激而无动于衷?

我一定要先出去玩,先好好放松,才能忍受这种待遇。他想当然觉得我会有时间照顾孩子,想当然认为刚过完年我上班会不忙,这只能说明他就是这样一个人。如果事实证明他就是一个这样的人，你又能怎样？他也和我一样，做不到！无法控制！

我的心情颇有些烦乱，因为觉得他几十岁了还像孩子一样贪玩。我很想跟他说：教育孩子和承担家务，应该是两个人的事情，优先让你来选择。如果你一样都不想承担的话，那就选择离婚吧。

如果有下一次，我一定不要选择这样的丈夫了。如果有下一次，我最好能选择更好一点的父母。如果有下一次，我要坚持自己选择的专业……唉，还是让我这一次当一个尽职的母亲吧，希望我的孩子或者孩子的孩子，能成为一个幸福幸运的孩子，希望我从小没有得到过的幸福，他都能拥有。

心里突然很想亲近一下散文，下意识地觉得，也许只有散文才能平复我纷乱的思绪和心境。

以后，再也不要为了想存更多的钱而苛刻自己想买书的欲望，每个月除了《潇湘晨报》以外，还应该买些《小说月报》《读者文摘》等杂志来看看，每个月花上几十元钱买一些书刊来阅读，会让生活更快乐。

细细推敲今天我生气的原因，有了一些不同的看法。其实他也并没有什么让人特别难以忍受的缺点，他自己也是这样认为的。可是，我们成天在一起一定会腻烦，不如各自有各自的生活空间。

生气也许是因为我的大学同学从外地来了，我却没时间去见她。他一个人清早出去玩，傍晚都不回来，事先并没有告诉我他的安排，我觉得这是对我的不尊重，挥霍的是我的时间。还有一点是因为发现大树先生陪孩子学习功课的效果很差，我只好花时间陪伴孩子，不断压缩自己自由支配时间的欲望。但是我的付出，他意识不到。

这有什么办法呢？选择结婚的时候，我可没有想这么多。哪怕是父母的提醒，我也只是当成了耳旁风。如果有下一次，我不会再偷懒，要选择一个比大树更有能力的人当丈夫。但是，这样的丈夫也许会有一些别的问题……

无论如何，我都应该平息怒气，平和地对待任何人、任何事。这是修养，也是我的追求。我有没有时间和精力去考研究生或者追求更高的目标呢？要追求更高的目标需要付出更多的努力，但也可以为孩子当个好榜样。怎样规划好时间？列出你的计划。滑溜和攀登，我肯定会选择后者。大树呢，他会选择哪一种？

白发谁家翁媪

初夏清晨的天空十分晴朗，凉爽的轻风拂面，树木新发的枝叶渐渐地褪了嫩黄，着了绿裳；树荫下杜鹃、雏菊、美女樱、蝴蝶花争相绽放，头挨着头、手牵着手，好像幼儿园的小孩子成群结队地出来玩耍。

平时周末我最爱睡懒觉，今天却起个大早，去坪塘镇找我的堂伯父和堂伯母还钱给他们。2008年3月，我婆婆家要买房子，很缺钱，堂伯母正好来看望外婆，当她听说我的困境，很爽快地借给我2万元钱。时间已经过去2年多了，我本该早些还给她，却一直没有攒够要还的钱。今天终于可以把钱还给帮助过我的亲人，心情特别好。

车很快就到了坪塘镇，一下车我们就想找人打听下堂伯父的家怎么走。在路口遇到了一个中年男人，大树热情地和他寒暄了一番，还聊起他和我们同桌吃过喜酒，告诉我说这是堂舅。我很佩服大树先生的记性，只见过一面的人他都记得，而我却是个脸盲。堂舅领着我们去了堂姐家的菜店，说在那里会遇见堂伯母。到店里一看，堂伯母真的在堂姐店里帮忙呢。她见到我们很开心，带我们去她家里喝茶。

堂伯母家住在镇上工商所宿舍，离菜场不远，转过两个弯就到了。这是一个干净整洁又安静的小小院落，院子里种着两棵高大的玉兰树。堂伯父也在家，我们坐在一起聊天。堂伯父70多岁了，虽然没有上过学，却很有见识。他告诉我们黄金比现金保值，房产的保值升值总会有尽头，将来不会需要这么多房子的。在堂伯父家坐了一会，我们就告辞回家了。堂伯母非要留我们吃饭，可是小树一个人在家，还是要早一点回去才行。

坐中巴到南大桥头，下车后过马路去换乘905路公交车回家。过马路口的时候，一辆宝马车停在我们身边，车里的女司机热情地跟大树打招呼。走近了一看，原来是湘水阁酒店的老板娘谢姐。谢姐曾在街上开过理发店，她丈夫是附近学校里毕业的中专学生。他们刚结婚的时候，租我表姐隔壁的房子住过，所以我们互相都认识。他们摆过地摊、开过理发店、贩过西瓜、卖过服装，最终在餐饮行业发了财，现在已经开了好多家连锁店。看到她现在幸福的笑脸，我觉得他们两个人以前所有经历的艰苦生活，都是值得的。她现在这么富有，却还没有忘记我们这些旧时朋友，在路上偶遇还能停车问候，我感受到她的真诚、善良和热情。像她这样可爱的人，怎么会不富有呢。

告别谢姐，我们在公交车站等来了905。公交车里面乘客不少，没有位置坐了。我的心情却很愉快，我觉得结婚这么多年来，现在是最有钱的时候了。终于从负债很多到了不负债的时候。

在公交车上从南大桥一直站到阜埠河路口，这一站有不少人下车，车厢里面空了不少。看到有两个空位置，我们就坐下来。刚坐下，车前门上来一对白发苍苍的老夫妻，老先生手里举着两本红红的老年乘车优待证。我连忙站起来让座，大树也和我一起站起来。老夫妻两个彬彬有礼地道了谢，坐了下来。老先生看着我们对他微笑，主动和我们攀谈起来。老先生说："我今年84周岁了，我是中南工大的教授，工作到84岁才退休。""80岁。"老太太在旁边小声更正，"对，80岁退休，那一年还在欧洲讲学呢。我的目标是活到100岁，我现在身体没有仟何一种慢性病，每天早睡早起，上午下午各散一次步，用英语说就是 take a walk……"车上的人全都听呆了。

84岁，我的天，看他们的样子，精神矍铄，身体硬朗，连头发也未全白，真是看不出来啊。我笑着说："您80岁才退休，比别人多工作20年，应该活到120岁才行呢。"我看着老太太，戴着副黑框的眼镜，也是一位知识分子的模样，好奇地问："奶奶多大年纪了？"老太太回答说："我也84岁，我俩一年的，他上半年（生），我下半年（生）。"边说边用手指指老先生。老先生见我很惊讶，连忙又解释说："我们是青梅竹马的同年、同学。"哇，看着他们这一对神仙伴侣，真是让人羡慕啊。

下车后，我挽着丈夫的胳膊，希望我们将来也能像他们这样陪伴着过这一生，直到生命的最后都是相亲相爱的。

明天去离婚

结婚10多年，最怕过春节，平日关系好，逢年小船翻。2月5日是大年初三，我们一起去给婆婆家的亲戚拜年。本来商量好初四去岳阳给公公家的亲戚拜年，初三下午应该去买礼物。可是大树吃过饭就留在那里玩牌，一上桌就不肯下来。因为生气，我没等他玩够就带儿子搭车离开。晚上他很晚才回家，儿子念叨他不该玩牌，结果他竟然发火，说是我让儿子指责他，还对我大喊大叫："你不能管我！"一夜无言。

2月6日，大年初四，大树带着婆婆一早就气冲冲地走了，没带我也没带儿子。我心想："难道我还要求着你带我去岳阳吗？"我在网上订票，计划第二天去灰汤玩，想到等他们回来以后，不但看不到我们，还要收拾咱的剩饭菜，心里那个爽！

2月7日，大年初五，一大早带儿子去灰汤，玩得超开心，完全忘记今天是哥哥的生日哦！

2月8日早上醒来，在宾馆的房间里觉得无聊，想起来给他发条短信："臭小子，臭脾气越来越厉害了。再不打电话来，我一生气就不回去了。哼！"他在第一时间给我打电话来了，问我在哪里。我和他聊了聊天，又接着出去玩。温泉山庄很美，温泉也很不错，我很想再住一天，让儿子给他打电话，问他来不来玩。心里很想他来接我们，把我的外甥女和姨妈也带过来泡汤。可他不肯来，我也怕明天变天，就打车回家。下午到家后，发现他又不在家。我发信息问："在哪里？"他仍然第一时间给我回电话，说是在西站给舅舅们拜年，然后直到第二天早晨才到家。

2月9日，因为他又是一夜未归，我巨生气，早晨起来一照镜子，脸都青了。这天下午气温突然变得很冷，4点多时大树打电话说让我给婆婆去买退烧药,说什么自己要去同学聚会。因为生气,我毫不犹豫地拒绝了他的要求。在同事家里,孩子们玩得很开心,我发信息告诉他"我晚上不回来"。

2月10日,我对家里老人还是有点不放心,没有再继续玩,一早就溜出了同事家。在外面吃过早饭,回家发现他又不在家。下午婆婆要我带她去看病,说是昨天一晚没睡,现在又有点发烧,担心今天又会加重。于是我二话没说,带她去看病,还给大树打了个电话。其实我在心里已经省略了对婆婆的一大段抱怨:"凭什么您总是护着您儿子,支持他出去打牌,还帮他找借口,背后说我的坏话。现在生了病却要来找我帮忙?"

给他打电话,他说还在同学那里玩牌。听说婆婆在打针,他很快赶了回来。在医院,我铁青着脸,拒绝朝他看,视他若无物。看看时间已经是下午4点多了,我先回家做饭。我到家之后,他买了点青菜送回来,没说什么,就又走了。5点多,我让儿子打电话给他,问他是不是回家吃饭,要不要送饭过去。他说6点钟婆婆打完针可以回来吃饭,不用送去。因为小树说他很饿,等到6点钟没见到他们回来,我们就先吃饭了。他们大概6点半到家时,小树刚刚放下筷子,擦了一下油油的小嘴巴。晚上做的菜是儿子最喜欢的酸辣鸡丁和土豆丝,我知道儿子很爱吃,自己就尽量少吃菜多吃饭。看得出,儿子也是尽可能控制自己,只吃一半的菜。可孩子毕竟是孩子,桌上的菜还是由冒尖的一大碟,变成平的一半碟,又变成小半碟。大树看了可能有点不开心吧,回来后又重新做了青菜才吃饭。

2月11日,我上班了。中午下班回家时,他们都快吃完饭了。我随便吃了点,然后洗碗。

2月12日上午我又发短信给他:"我想了很久也不明白你生什么气,希望你解释一下。"他马上打电话过来,可我在办公室很忙,不方便接听,挂断了。后来他又打来,还是不方便,没有听他解释。

姨妈来到我办公室,说外甥女还是想休学,因为这事,这几天晚上她都没有睡着。正聊着天,培训学校打电话来,通知小树下午要去上课,我打电话要大树告诉儿子。电话里,大树本来说中午要去他姐姐家吃饭,后来又说不去了。他听我说姨妈在我这里,就说去黄椒情饭店请姨妈吃中饭。因为我和姨妈一起从办公室直接去黄椒情饭店比较方便,我没有提前回家。

下班前几分钟,大树打电话给我,又责怪我没有早点回家,说是婆婆在家里做了饭。我说不知道他变得那么快,他居然怪我没有打电话给他。难道我能未卜先知，知道他要换吃饭的地方，所以要打个电话给他问一下？心里颇有气，等到下班铃响，决定还是先回家。

我和姨妈一进屋，老公喊了一声："姨妈。"我姨妈一边答应着，一边就主动去招呼我婆婆，还准备给她100元新年红包。可是当我看到饭桌上只摆了两双吃剩的碗筷，有一碗汤里浮着一个肉丸，另一碟不知什么菜已经只剩下1/4，心里的火气噌噌噌往上冒，怎么压都压不住。怎么说也是他主动邀请我姨妈来家里吃饭，怎么这个样子！姨妈好歹也是长辈，难道就是这样的待客之道？难道我们没有饭吃，非要吃你的剩菜？你叫我回来洗碗的吗？

我立马带着姨妈离开了，重重地关上了门。可是他，居然从沙发上跳起来，追出门大吼："你要是出了这个门，你就别回来！我们离婚！过不下去了就离婚！……"姨妈在我后面，被他恶狠狠的声音轰得全身一震。

我回头告诉姨妈不用担心，陪着姨妈去看了外甥女，又一起去吃了午饭。心里只是惦记着儿子，我吃完饭匆匆回到办公室。电梯一打开，就看到小人儿提着书包等在那里。我带他来到办公室。进门之后，小树就扑在我腿上哭，很不开心地告诉我，爸爸和奶奶在我走了以后，说我的坏话。平时孩子看惯我们很恩爱的样子，他爸爸今天这个样子，别说是孩子，连我都是第一次见。孩子说，听他们说妈妈的坏话，觉得很头痛，于是就提前到我办公室来等我了。

2月12日下午，我给他发短信："我觉得你很暴躁，很过分，没见过你这样请人吃饭的。你说我不能管你，OK，你凭什么能管我？你活动丰富，我就得给你照顾老小？我也可以这么做，不管你的感觉，这是跟你学的。"没有回应。

我再给他发短信："你把协议写了，我签字。"仍然没有回应。

上午天气本来还有点像要出太阳的样子，下午突然变成下冰雹。这天他又去打牌，直到晚上很晚也没有回来。

晚上睡觉时，孩子趴在我身上，想到父母可能会分开，又在流泪。他很担心爸爸说的"明天就要去离婚"。我问他："你觉得爸爸说的话有多大的可能性？"他皱着眉头，一本正经地说："有百分之六十的可能性。"我安慰他说："明天绝对不会去离婚，理由是——明天星期天哦！"孩子开心了一点，又问我："什么时候能和爸爸沟通好，能不能在我开学之前和好？"我很有信心地安慰他，轻轻抚摸他，他平静下来，渐渐睡着了。

我耐心等到晚上11点过7分，缩在被子里给他打电话，他说回来再说。过十几分钟，再打过去，那边的麻将声、说笑声没有了，可是说要等半个小时才能到家。想一想他应该已经离开了别人家,再说半个小时后也没有超过十二点,忍了!他在十一点半左右到家,我一直睁着眼睛等他。刚开始,因为怕吵醒小树和婆婆,我还能克制着小点声音和他说话,后来情绪上来,就什么也顾不上了。想着孩子可能也已经睡着了,把这几天的委屈和孩子的担心以连珠炮的方式宣泄了出来。

我告诉他,如果不想要我管他,那就请他明天就跟婆婆一起搬走。我本来也可以像他一样玩得没心没肺,不管家里老小的死活。可是我并没有这样做!而且,我在婆婆需要我的时候,我也没有计较她对我的态度,及时帮助她!我越说越气,声音也越来越大。

没想到,他很快就承认了自己的暴躁,说要向我、孩子、姨妈道歉。我和他约法三章:"一是不能赌博,二是先做事后玩牌,三是不能超过晚上十二点到家。"他都答应了。正说着,小树居然开始接我的话,说"妈妈批评得对、管得好……"狂汗!这小子什么时候醒来的我都不知道!不知偷听了多少去,囧……

2月13日,一早大树就陪我买了礼物,到姨妈家去看望她。一进门大树就诚心诚意地向姨妈道歉。买礼物时天空还是雨夹雪,没想到10点多钟天就放晴了。姨妈很开心我们一起来她家,给我们做了一顿丰盛的午饭。下午,姨妈去舅舅家,外甥女去我办公室上网,儿子去上课,我们去高桥采购。这时,已经是太阳汪汪地照着,心情真好。

到昨天这个时候,这件事情就算完了。但我在其间也曾经有个问题百思不解:为什么老公变得这么霸气?说得不好听一点,为什么这么暴躁?他笑说是男人哪能没有脾气。可是他以前从来没有生过这么久的气哦。就算是我不对,他也总是会先低头向我认错的。

我想到最好的可能性,是因为我变得更温柔了,使他的阳刚之气在我面前敢于释放。这其实是我想要他具有的特点,因为只有这样,孩子才能得到更好的成长环境,不会因为家里阴盛阳衰而受影响。最坏的可能性,是他不再像以前那么爱我、呵护我了。但是,我觉得我自己比以前更好、更优秀、更善解人意,他只会比以前更爱我。那么,他这次这样做,有可能是第一种情况。他说"只有你会生气,我就不能生气"这样的话,说明他的自我意识也在觉醒。何况,人到中年,男性会具有一些女性特点,女性会有一些男性特质。说不定,他也是因为这个原因而变得有点小心眼了。如果我是在没有学习心理学的情况下,一定还会和以前一样要大哭一场，会伤心、难过很久。这一次，因为自己的自信、成熟和拥有相关知识，我能够不失理智地处理这件事情，虽然因为任性让它拖了这么久，但还是能够很好地掌握事态发展的方向。虽然自己的情绪也有些起伏，但内心深处一直都是平和的，没有受太多影响。我也尽力照顾到孩子的情绪，没有让孩子成为夫妻之间冲突的受气包或者替罪羊。

今天是 2011 年 2 月 14 日星期一，晴，心情也是晴。回想过年来的这一段日子，真是有不少感慨。学了心理学以后，处理自己的婚姻问题，比以前镇定多了。爱是恒久忍耐，又有恩慈。今天是情人节，我要为自己经营家庭的努力和进步贴个小红花。

做观念

观念作业单

请简单填写下列问题。回想你当时的冲突场景,感受一下你的愤怒或痛苦,此刻不必反省自己的表现,只需要诚实地写下你心里对那人的不满。

1. 谁让你感到愤怒、挫折、迷惑,为什么?谁激怒了你?他有哪些地方是你不喜欢的?

我对(人名)_____ 感到 _____,因为_____

(例:我对张天感到很生气,因为他不肯听我说话、不肯定我,我说的每件事他都要反驳)

2. 你要他们如何改变,你期待他怎么表现?

我要(人名)_____ 去做 _____

(例:我要张天承认他错了,并向我道歉)

3. 他应该(或不应该)做、想、成为,或感觉什么呢?你想给他什么样的忠告?

(人名)_____ 应该(或不应该)_____

(例:张天应该照顾好他自己,他不应该老爱跟我争辩)

4. 你需要他怎么做,你才会快乐?

我需要(人名)_____ 去做 _____

(例:我需要张天听我说话,并尊重我)

5. 此刻，他在你心目中是怎样的人呢？请详细描述一下。

（人名）＿＿＿＿＿＿＿＿＿＿ 是 ＿＿＿＿＿＿

（例：张天不公正、傲慢自大、讲话很大声、不诚实、行事逾矩，而且不关心别人）

6. 你再也不想跟这个人经历到什么事？

我再也不要（经历到）＿＿＿＿＿＿＿＿＿＿

（例，我再也不要感受到张天对我的不肯定。我再也不要看到他抽烟，毁掉他的健康）

第一次看到这张"观念作业单"，我心里很奇怪：为什么去学习一个公益课之前，还要完成这样一张表？看了看心理教练子墨老师严肃认真的面孔，我估计不填是不行的。再看看这页纸上的六个问题，我真还从来没有这样仔细剖析过自己的内心世界。在我学过的心理学理论里面从未提到过"观念作业单"，我不知道它有什么用。我决定诚实地填写这张表，在子墨老师这个并不太熟悉的人面前，袒露自己内心的痛苦。

1. 我对（人名）__大树__ 感到 __生气__，因为 __他喜欢熬夜打牌__。
2. 我要（人名）__大树__ __不打牌__。
3. __他__ __不应该__ 打牌。
4. 我需要（人名）__他__ __不打牌__。
5. __他__ 是 __只顾自己好玩的人__。
6. 我再也不要（经历到）__他熬夜打牌__。

我飞快写完了六个题目，交给子墨老师。老师接过来，看了看，然后问我："你生气的原因是他喜欢熬夜打牌吗？"

"当然是啊。"这么显而易见的事情，还用问吗？我心里觉得问得莫名其妙。

"你丈夫喜欢熬夜打牌，那有没有人不生气呢？"老师又问。

"当然有了，比如我婆婆，大树熬夜打牌不顾家，婆婆不生他的气，还生我的气。"我有些愤愤不平。

老师又问："那还有没有人，有别的看法呢？"

我想了想："也是有的。我表姐夫也打牌，她就不生气，还劝我不要生气，她喜欢和她丈夫一起打牌。"

老师说:"你看,同一件事情,有的人生气,有的人不生气,还有的人也很喜欢。你生气的原因是这件事情,还是你对这件事情的想法呢?"

我迟疑了。我生气的原因到底是他打牌这件事情,还是我对这件事情的想法?良久,我回答:"我生气是因为我的想法。"

老师微笑着问:"你想要的是他不再打牌,还是想要自己不再因为他打牌而生气?"

我深深地吸了一口气,冷静下来:"让大树不再打牌,我已经斗争了十多年,毫无效果,我还是选择让我自己不再生气吧。"

老师说:"要想得到,打个颠倒。你来跟我念三遍:大树对我感到生气,因为他喜欢熬夜打牌。"

我认真念了,从不可思议到豁然开朗:"他确实对我感到生气,只要他一打牌,我就找他吵架。"

老师要我接着念:"大树要我不打牌。"我说:"我哪里打牌了呀?"老师说:"你心里觉得他打牌不好,他是不是觉得你生气也不对?"我老老实实地说:"是。"老师接着解释:"他要你不为他打牌生气。可以这样理解吗?"我又点点头。

我接着念第三句:"我应该打牌。"忍不住笑了,我真应该去打牌,我要是也打牌,就会和表姐一样,不但不生气,还会很开心。

第四句:"他需要我不打牌。"他需要我不为他打牌而生气,也对。他需要我不打牌,也对。我不打牌,帮他照顾家人,他可以玩得更嗨。

第五句:"我是只顾自己好玩的人。"读到这一句,我心里颇有些不服气:"我哪里是只顾自己好玩的人!"老师笑了:"你有没有只顾自己好玩不管家人的感受的时候呢?"我想起自己熬夜看小说、追电视剧的时候,忍不住叹了口气:"唉……也是有的。"

第六句:"大树再也不要(经历到)我熬夜打牌。"好吧,人同此心,心同此理。

我感激地看着老师长长地舒了一口气:"谢谢您为我解开这么多年都没有解开的心结。"

我变了，世界就变了

> 很多现代女性提倡女人应该依靠自己，不该依靠男人。依靠男人有什么不好呢？有一个男人可以依靠，是一件很幸福的事。最好的生活方式，就是我喜欢依靠自己的时候就依靠自己，我喜欢依靠男人的时候就依靠男人。当我知道有一个男人让我可以随时依靠，我会更努力地依靠自己。
>
> ——张小娴

父母常对我说的话是"求人不如求己"，妈妈教会我做所有的家务，从小自己的事情自己做，从来不知道依靠是什么滋味。学习上的事情也喜欢自己独立思考，成绩不好也不坏。工作以后，最想做的事情就是离开父母的庇护，去追求自己喜欢的事业，却不知道自己最喜欢的究竟是什么。

成家以后，和大树两个人生活在一起，虽然双方父母都在身边，我们却选择独立生活，除非万不得已，不会去打扰老人们安静的生活。

可现在回想起来，在我的婚姻之中，是丈夫用他无私的爱，几乎满足了我所有想要的依靠。而且这种依靠，甚至很多时候连我自己都没有意识到，就已经是非常习惯的享受了。记得那时，孩子还小，每天要上幼儿园，每次我还睡着的时候，丈夫就已经匆匆把孩子送走，然后买了早餐再回来接我，把我送到公司，自己最后才去上班。如果他不起床，我和儿子就都得迟到。当时只觉得这样真是很享受，却从来没有考虑过那个奉献的人心里有什么想法，只是感觉到，如果丈夫不在家或者生病的时候，真是很辛苦。

丈夫对我一向没有什么要求，他总是对我说："你是最好的。"我却细心地发现了他对我还是有一点点不满意，那就是他对我的穿着方面是有要求的。我发现，如果我穿着邋里邋遢跟着他出去散步，他就会头也不回地把我甩到后面，跟我始终保持5米以上的距离。如果我按照他的指示，打扮得漂漂亮亮，他就会愿意挽着我的手，或者搭着我的肩。

他要陪我买衣服，我也懒得去，我嫌麻烦。反正一周工作五天都是穿公司发的工作服，在家休息时也多半是做家务、带孩子，买衣服又花时间又费钱，还不如在家休息睡个懒觉呢。丈夫愤愤地说："搞个麻布袋给你穿！"我笑着回答："穿就穿呀，你搞来我就穿。"

他总是对我很无奈，我心里还暗自得意。我一直以为，一个女人的美来自内在，不是依靠外面的装饰就可以达到的。我相信"腹有诗书气自华""无需粉黛增姿色"。那时的我，对于丈夫的小小心愿，总是置之不理。

2009年一个夏天的早晨，天气很好。我那天心情不错，起了个大早，吃完早餐之后，换上了黑色的连衣裙，还佩上丈夫送的一条项链，穿上黑色的高跟鞋，精神抖擞地准备去上班。丈夫买了菜回来，一进门就低着头弯着腰换鞋。他一抬头，看到闪亮登场的我，顿时满眼都是惊喜的小星星！他那无比欣喜的目光，让我的心微微一震。结婚11年来，我第一次发现让他开心是如此简单！

想想丈夫为我的付出和改变，真是很惭愧！一个从来没有做过家务、只会做蛋炒饭和炒辣椒的男人，现在随便可以操办10多个人的饭菜，还能让大家都吃得很开心，他为我改变了这么多！一个喜欢唱歌、跳舞、打牌、吃夜宵的男人，现在把几乎所有业余爱好都舍弃了，他改变这么多！越想越惭愧。原来我只要改变自己一点点，就可以让丈夫这么开心！"女为悦己者容"，从今以后，我决定不再做个"懒女人"，我愿意为你改变一点点。

我有一位同事，是公认的精品美女，她常说："没有丑女人，只有懒女人。"是的，为了丈夫，我愿意改变自己的"懒"。我以前只喜欢牛仔裤和运动鞋，现在我也不排斥高跟鞋。我以前从不涂脂抹粉，现在我也会关注一下自己的皮肤和痘痘。以前我从不关注服饰的搭配，现在我看电视剧的时候，会留心学习跟我年龄职业相近的演员的穿着。我以前听别的女人谈论服装打扮，我会觉得浪费时间，现在我很愿意听听别人怎么说，也会向品位很好的美女请教我该怎么打扮才好看。

我愿意为丈夫改变这一点点，每当我想起当初这个决定，都非常感恩。因为这一点点改变，收获最大的人是我自己。当20年没见的同学们聚会时，大家都告诉我："你变了！"

第三辑
亲亲宝贝,这一切都是爱

梦

有人说，这世间的风景，非要亲历才会有深刻的感触。而我却以为，黄粱梦里的世界，其感受与真实的世界并无不同。

心理学名著《梦的解析》中指出：梦是无意识欲望和儿时欲望的伪装的满足。我很少很少做梦，不知是因为无欲无求还是睡得太死。小时候有一天夜里打了个巨雷，第二天早上爸爸发现我家窗外一株大树都被击倒了，草坪上除了残枝断树，还死了一地的小麻雀。爸爸怕我受惊，问我被吓到没有。我被爸爸问起，才发现自己根本不知道昨晚发生了什么事。我想，很可能是因为我睡得太死，醒来之后就把所有的梦都忘记了。

不过，有人却做过关于我的梦，他们告诉我的时候，我都是当故事来听，从没有想过跟我有什么关系。大树也会时不时做梦，还喜欢跟我分享他的梦境。

记得有一次，他梦见我们俩在溪边捉鳖，他看到大大小小一窝的鳖，连忙喊我快点捉，于是我听话地捉了几只上来，他很开心，笑醒了。那天早上，他等着我一睁开眼睛，就跟我分享了这个快乐的梦。我也清醒了，心想这只是一个梦嘛。不过，梦见这等美事也挺好的……

高考那一年，我有一位好朋友的父亲，告诉我他做的一个梦。我和好朋友从幼儿园同班一直到初中。高中的时候，她在省重点示范性高中读书，我读的是普通高中。高考之前，好朋友因为平时成绩优异已经被一所重点大学预录取。而我所在的学校，几年都没有一个人能考上大学。高考之后，放榜之前，我去找她玩耍。她父亲告诉我，他梦见我的名字上了榜，而他的女儿，捉了一条小蛇，却又从手里溜走了。当时我也不明白这是什么意思。后来我终于等来了大学录取通知书，而好朋友却选择了复读。难道我的人生，总是会提前出现在别人的梦里？

2000年的时候，我怀上了宝宝。俗话说"酸儿辣女"，我在怀孕的时候，口味大变。平时不太吃辣的我，那时已经到了无辣不开餐的地步。"辣妹子辣酱"是我的最爱，每餐饭至少要两大勺才够，一瓶辣酱，两三天就能吃完。即使这样吃辣，我的皮肤仍然变得非常好。我的青春痘从十几岁一直长到三十几岁，唯一没有长痘的那段时间就是孕期。大家都纷纷猜测我怀的是男孩子还是女孩子，有一位学中医的同事为我把脉，告诉我会生个女儿。还有一位年长的叔叔，非要我从办公桌走到门口，又从门口走回来，然后语气肯定地告诉我会生个女儿，还说猜准了要我买烟请客。我也很好奇大家说得对不对，回去问大树："你想要男孩还是女孩？"他却笑着说："生男生女都很好。"

　　在孕期，我竟然很罕见地做了一个梦。我醒来后清晰地记得梦见一个小男孩在屋檐下打架。这让我颇有些担心，要是生个爱打架的男孩子，可真难管教。

　　那时我和大树住在学校的宿舍，楼上住了一位五六十岁的阿姨。有一天，她下楼梯时遇到我，高兴地走过来跟我说："我做了个梦，梦见你生了个男孩子。"真的会生个男孩吗？我很迷惑，有点儿盼望，又有点儿担心。

　　弗洛伊德指出，任何梦都可分为显相和隐相：显相，梦的表面现象，是指那些人们能记忆并描述出来的内容，即类似于假面具；隐相，是指梦的本质内容，即真实意思，类似于假面具所掩盖的真实欲望。我做了一个这样的梦，我潜意识中真实的欲望是什么呢？

儿子是个小老师

儿子是个小老师，他教我的第一件事情是亲情。

他出生的那一天，我第一眼看到的是那张脸上小老头一样皱巴巴的皮肤，光秃秃的头顶上浅浅的头发，这儿几根，那儿一撮。看着他因为用力而憋得发黄的眉头、哇哇哭泣而大张着的嘴巴，我第一感受是"真丑呀"，他和我在婴儿画报上见过的小宝宝完全不一样。美丽的主治医生温柔地对我说："不丑呢，我们是一个漂亮可爱的宝宝。"医生一边说着，一边把孩子的小脸轻轻地在我脸上贴了一下。他的脸贴到我脸上的一瞬间，那从未体验过的温暖和柔嫩，把我心底里的柔情和母性唤醒了。

这个小小的生命，他是我的宝贝。我给他取名叫小树，希望他像小树苗一样茁壮成长。在月子里，我常痴痴地看着他的眼睛和脸蛋，觉得他的每一个表情都那么可爱、那么完美。我看着他的头发和睫毛一点一点长长，尖尖瘦瘦的小脸变成圆圆白白的婴儿肥，陪伴他牙牙学语、蹒跚学步，渐渐变成一个会走路、会说话的小人儿。

有一天，3岁的小树和他的表姐在一起玩，两个孩子总是有点争吵，让人不得安宁。大树准备把小姐姐送回家去，小树很乖巧地和小姐姐说再见。可是当她刚跨出门去，小树追了出来，目送她下楼。小姐姐下楼的身影刚消失，他又飞快地跑回阳台上，蹲在地上伸长了脖子从阳台栏杆的缝里看着小姐姐从单元门洞里出来、离开。小姐姐坐上大树的摩托车，很快消失在道路的尽头，这个刚刚还和小姐姐吵架的小孩子，张大眼睛抿着小嘴却还在那儿看着、看着，眼睛也不眨。

我突然想起，我那快80岁的外婆每次也都是这样目送着我离开，不管我怎样劝她，不管她腿脚怎样不灵便。外婆那扶着门框望我的身影，注定是要一辈子留在我的记忆中了。

原来亲情，就是一段又一段地目送。

幸福这么近

看了王志文一篇文章,题目是"此等清福何处可享"。清而不贫,几间茅房,半屋书画……

晚上,4岁的小树央求外公留下来陪他,可是外公没有答应。外公走后,他又突然想起了要馒头和榨菜。我答应明天早上给他吃,他却不肯,装模作样地趴在床上生气。我看着他生气的样子,心里想到他可能是肚子饿了,就问他:"只有馒头,没有榨菜,可以吗?"小树一下就高兴得蹦起来,连连答应说好。

小树洗了澡后,坐在床上非常高兴地吃起了馒头。热乎乎的馒头举在他的小手里,开心得大眼睛眯成了一条缝儿,小嘴巴一边嚼馒头一边笑得歪歪斜斜。

"你幸福吗?"心怀疑惑的妈妈问。

"幸福!"儿子回答得很干脆。

"幸福是什么呀?"

"就是好舒服的呀。"

"什么地方舒服呢?"

"心里舒服呀。"

哦,原来幸福是在心里,与清无关,与贫无关。只要得到你想得到的,哪怕只是一个小小的热馒头,那就是幸福了。

并不是只有一种活法

现在很多励志类图书非常畅销,那些白手起家的人物故事激动人心,让人们相信必须有狼群一样勇敢的战斗精神,生活才会更好。

富有小资情调的时装、美容、美食类图书也很有市场,就算财力不足以消费国际名品,但是眼睛看看也觉得开心,优裕和享受的生活也是人们的梦想。

淡泊明澈的散文小说也拥有深厚的群众基础,物欲横流、灵魂走失的霓虹灯下,点一盏心灯捧一束书香,虽然淡泊清贫却也能宁静致远。

一个人的一生,无论是攀登的还是滑溜的,无论是富贵的还是清贫的,其实最终只有一个结果——回归自然。

因此人生只是一种体验。每一种生活方式都会带给人们不同的感受,孰优孰劣似乎并不那么重要,重要的是你的生活方式是你自己想要的,你能够在生活中感受到快乐和安宁。

又是一年一度的考试季节,高考、中考的孩子们考场上挥笔奋战,家长们考场外心急如焚,甚至还有急得诱发心脏病去世的。家长们着急的是孩子能不能从竞争中取胜,得到更好的教育资源,从而走上更顺利的人生之路。"一考定终身"是许多家长和孩子头上的紧箍咒。

但是,社会本身是多元化的,每个人的际遇、性格、能力等都像树上的每一片叶子一样绝不雷同。激烈的竞争实际上存在于生活的每一个关键时刻,并非只有考试季节。

自古英雄不问出处,社会上许多成功人士并不一定有名校经历,有名校经历的人也并不一定拥有让人羡慕的人生。考上了名牌大学、重点中学也只是一种人生经历;没有考上名牌大学、重点中学也只是一种人生经历。一次考试的成败并不等于一生的成败,除非你自己想给自己一个失败的人生。

向孩子学习

女儿丫丫向我走过来,仰着一张粉红苹果般的小脸,努力地把眼睛闭着,长长的睫毛却忍不住颤动。我放下手中的笔,抱住她问:"你为什么闭着眼睛走路呢?"她笑着说:"我喜欢这样玩呀。我不可以这样玩吗?"我说:"当然可以了。"她又笑了,坐在小凳子上想和我聊天。

我心里正为自己上午出去看樱花耽误的时间而颇有些自责,准备专心工作赶进度,不想和小孩子啰唆。转念一想,今天是休息日,也是小孩子童年中不会再现的一天,也许我此刻更应该停下来,好好听她说话。

在教育家蒙台梭利的著作中,我曾读到过这样的思考:研究儿童的发育过程似乎可以窥见人类文明的发展历程。受此启发,我认为若要洞察人性,不妨观察孩子的言行。成人都是从孩子长大的,孩子还不会克制、压抑自己的思想和情感,自然流露的天性必然具备人性的特征。爱玩是孩子的天性,也必然存在于所有人的心灵。

小孩子喜欢闭着眼睛走路,和青少年喜欢玩电子游戏从动机上来看并没有什么本质的区别。父母看到小孩子闭着眼睛走路,会担心她撞到墙;看到青少年玩电子游戏,更是如见洪水猛兽,甚至会大声制止或者责骂。可是父母自己沉迷于电视剧和打麻将的快乐之中时,不知道会不会大声制止或者责骂自己呢?

丫丫两岁半的时候,带班老师很详细地告诉过我一件发生在班里的事情。老师照顾的5个小朋友里面,有一个是老师的女儿果果。因为担心吃糖会损害孩子的牙齿,她一直严格限制果果吃糖。可每个家庭对于糖果的观点并不一样,那天有一个孩子带了糖果给小伙伴分享。放学时,老师同意每人都可以得到一颗糖,却不允许果果也拿一颗糖。平时很听话、懂事又肯谦让的果果嘴一咧，号啕大哭起来。丫丫紧紧地捏着自己的糖，鼓足勇气走到老师面前，结结巴巴地说："这不公平，她、她也可以有糖。"刘老师非常赞叹丫丫的勇敢和仗义，我却震撼于这么一点点大、刚学会说话的小娃娃，就知道和成年人谈论"公平"。

所谓公平，不过是"己所不欲，勿施于人"。哪怕是个小孩子，也希望得到公平的待遇。父母与孩子的关系，可能最难做到的就是"公平"。父母若想要孩子成为什么样的人，就请自己先成为这样的人吧！如果你不知道自己是什么样的人，不妨看看自己的孩子有什么样的呈现。孩子是有吸收力的心灵，他的习性从环境中学习而来，父母就是他的环境创设者。

教育家苏霍姆林斯基在《怎样培养真正的人》中指出："道德上的愚昧无知，往往是从不善于环顾周围开始的。如果这种不善于变成一种习惯，而且变成一种本性和特性的话，在人身上就可能发展粗野和无礼行为。"若要教孩子明白和意识到自己的过错，就要让他看到自己每个行为的后果。良心的眼睛就是思维，要致力于培养孩子聪明而有道德地观察与思考的能力，让他能够想到自己行为的后果。这样孩子就不会因为鲁莽或者自私做出一些不当的行为。

如果要培养孩子"聪明而有道德地观察与思考的能力"，父母有必要先修炼自己的思维与道德；若要教育孩子善良，请先找到自己的良心。不要用思维上的懒惰和传承于原生家庭的习性来培养下一代，更不要用简单粗暴和无礼的行为来对待比自己弱小得多的孩子。"蓬生麻中，不扶而直"，父母要细心地观察孩子，环顾他的周围，更要专注于培养自己的品格，致力于给孩子创造一个良好的成长环境。如今的父母大都读过大学，却不知道"大学"是指"大人之学"，古人至少要15岁才能入大学，学习伦理、政治、哲学等"穷理正心，修己治人"的学问。"大学之道，在明明德，在亲民，在止于至善"，讲的也是同一个"道"。

人性复杂，我有时会勤劳勇敢奋进，有时也会懈怠松弛懒散。我若把时间投入工作，就不能享受陪伴家人的快乐；我若把时间用于玩耍，就要承担绩效落后的责任。心理教练常说："英雄根据需要做选择"，我也不必苛求自己事事完美。选择之后承担选择的后果就好，接纳自己的不完美有助于增长包容他人的智慧。小孩子想要我陪陪她，那就专心地陪她玩一下吧，转眼她就会长大了。

孩子眼里的妈妈

上周，偶然从书柜里翻出了儿子小树读三年级时候的几个作文本。一时好奇心起，翻开逐篇看起来。作文本字写得很工整，老师也批改得很仔细，布满了红色的圈圈和评语。

有一篇是《我的妈妈》，孩子是这样写的："我妈妈长得还可以，就是脾气很大，发起气来，抓着人一顿乱打……"还有一篇也是写妈妈："我妈妈最喜欢的是珠宝……"也有写爸爸的："我的爸爸是很爱我的，如果不是爸爸爬过围墙帮我把球捡回来，这个才买的10块钱的玩具就没了。"

读完这几篇作文，我不由陷入了沉思。我在孩子的眼睛里，为什么会是这样的呢？

小树还没有出生之前，我就买了王东华的著作《发现母亲》认真研读，立志要成为一名优秀的母亲，要给小树最好的家庭教育。怀孕期间，我每天都会播放优美的胎教音乐给腹中的小树听。孩子出生以后，当医生把他那温暖柔嫩的小脸蛋贴在我脸上的那一瞬，我第一次有了做母亲的使命感：这个柔嫩的小生命，从此我一定会好好照顾他！尽管是难产，产后13天时我就自己给他洗澡，往往是小树洗好了，我自己也全身被汗水湿透。小树满月以后，在区妇幼保健医院检查身体时买到《万婴跟踪育儿大全》，厚厚的一本书记录了很多孩子的常见病和生活起居的照顾方法，我几乎是不眠不休地学习，直到对孩子身体健康可能出现的每种情况都了然于胸。一岁九个月时，还只会一个字、一个字发音的小树第一次进了幼儿园。第一天回家，小树用柔软的小手臂环住我的脖子对我说："妈妈，想你。"第二天回家，他说出了平生第一个完整的句子："妈妈，我想你了。"（看到这里，小树给了我一个甜吻。）

这些温暖的瞬间，常在我心里浮现。我一直认为孩子才是我这一生中最珍爱的宝贝，而所谓珠宝不过是些经过艺术加工的美丽石头，虽然我很喜欢欣赏它们，但是没有生命的事物怎么能跟我的小生命相比呢？我的首饰盒里，盛放着大树送的宝石戒指、玉石、珍珠项链、水晶手镯等"贵重"物品，都是堆在一起。只有一件宝贝是装在一个特别漂亮晶莹的水晶盒里，这个盒子里面收藏着的，是孩子出生以后脱落的脐带。我觉得这一点点脐带，是母子俩曾经生死相连的纪念，是最值得珍爱的宝贝，全世界独一无二。

是什么时候开始，让我变成了一个"不爱孩子"的妈妈？

小树作文里写的情景，确实是有的。在他小学一、二年级的时候，我每天给孩子检查作业。他不会做的题，就要求他自己思考，我坐在旁边监督。这时候，我观察他的眼睛，只要发现他根本没有思考而是在那里发呆，我就会生气地指出他这种行为是对自己不负责任，一边用大吼大叫拽回他的注意力，一边强压着心头怒火，接着给他讲解。只要我一开始讲解，就发现他又在发呆，于是又大吼一通，忍着脾气继续讲解。不一会儿，我又发现他还是在发呆！唉，只感觉一股股黑血直往头顶上冲。好不容易有一个题目好像终于跟他讲明白了，隔几天一问，就像从来没有听说过这个题目一样。我发起脾气的时候，确实会像孩子说的那样，"一顿乱打"，可是心里还是会提醒暴怒中的自己，不要打头、不要打耳朵……可是小树又怎么知道我是什么想法？他只晓得，"妈妈因为作业而打我，妈妈不爱我！"

除了因为作业，也还因为小树行为上的问题而责打过他，比如发现他撒谎、做明确不允许他做的事情（玩火、浪费东西），当他在三令五申下屡教不改的时候，我真的认为"棍棒出孝子，溺爱养娇儿"。我觉得我做的每一件事都是为他好！大树有时实在看不下去，想要阻止我，也因为我们之间有约在先而止步。我们达成的默契是：小树的教育主要由我负责，而且他要和我在孩子面前保持一致。（看到这里，小树说：长江后蠢推前蠢哩。）

在这样的教育方式下，我发现到小树读小学三年级时（2008年—2009年），他似乎有了很多心事。（小树说："没有心事就怪啦！"）虽然小树三年二期竞选班干部，争取到了中队长的职务，让他很是开心了一段时间，但是他发呆的时间还是越来越多。每次我一到学校，一群小孩子就会围过来叽叽喳喳地告状："小树打了我！"告状的有男孩，也有女孩，人还真是不少！他连女孩都打，我心里真不知道是什么滋味。

还有一次，小树在辅导学校的老师告诉我："小树说他妈妈很严厉，爸爸很宽松。""严厉"！这个词让我心头一紧，这个词多么熟悉！我也是有一个非常"严厉"的妈妈啊！小时候，我的愤怒一直被压抑着。那种被"严厉"的妈妈管束着的痛苦，对于我来说，真是再熟悉不过了！这一切，本来是我最想让我的孩子远离的，难道正在我最亲最爱的宝宝身上重演吗？这个时候，孩子的行为问题也越来越多，越来越严重……我不得不经常去孩子的学校了解情况、处理问题。

在疲于充当"救火队员"的时候，我突然醒悟，我的教育理念和教育方式，一定出了问题。（小树说，我就是跟你学的咧，你打我，我就打别个。）我这么爱孩子，为什么不能教育好孩子？

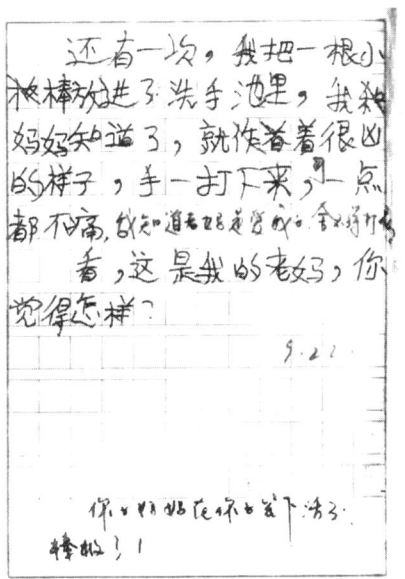

说明：正文括号里的话是这篇日记写完了以后，小树看的时候对我说的话。

孩子怎样吃才健康

今天我的体检报告出来,身体各项指标完全正常,很开心!这说明近两年来对于作息和饮食的调整是非常有益的。中餐是土豆煮牛肉、四季豆和木耳苋,每个菜都很新鲜,孩子却抱怨说没有肉,要吃腊肉、腊八豆。可他力气小怎么也打不开腊八豆的瓶盖,想让我帮忙。

我想到医生朋友说的要多吃素,孩子吃素也要达到七成素三成荤,不禁对孩子也提出了要求:"如果你答应吃四分之一或者五分之一的素菜,我就帮你打开!"

孩子不但不答应,还很生气,一个人想尽了办法,仍旧怎么也打不开装腊八豆的瓶子。我看到他很生气的样子,也没有安慰他,还故意气他说:"你要是不肯吃素,我就以后再也不做你喜欢吃的菜,你喜欢吃哪个,我就不做哪个!"孩子气得流下眼泪。

这时,孩子爸爸走过来,伸手帮孩子打开了瓶盖,孩子美美地吃上了他爱吃的腊八豆,眼泪也不淌了,却用狠狠的眼光来瞄我,好像眼睛里能放出无数把飞刀一样。

我对着他笑,说:"来吧,飞刀都到我这儿来,我接着。"孩子爸爸说:"他喜欢吃炒的牛肉,可是今天的牛肉筋多,更适合煮汤。所有的菜都比较清淡,不是很合孩子的口味。"孩子听了爸爸这样的话,渐渐平静下来,吃了两大碗饭,也吃了一点点四季豆。

吃完饭又到了看书的时候,我看到这样一段文字:

> 在餐桌上,孩子的吃和成人的吃有着极大的不同。成人喜欢桌上的食物丰富多彩,品尝每一样。但儿童不同,儿童有时就吃一样,然

后什么也不吃了。有时儿童喜欢吃肉，抓住肉不放，之后可能一天甚至两天基本上不吃东西。成人开始担心，并想方设法让孩子吃。

我常发现我的孩子是这样，有时吃一盘肉，有时只吃一碗饭，有时只吃菜。但从一周的饮食来看营养是均衡的。他看上去结实、快乐，极少生病。

长久的观察让我得知，儿童的身体是知道饥饱的，并且能自我调节，通过自身的感觉来调整饮食结构。所以，我常把不同的食物放在桌上，由儿童自己选择——自己选择吃的时间、吃的食物。

唉，我又做错啦！幸好孩子还有爸爸。

妈妈,我累了

"妈妈,我累了,脑子转不动了!"

一语惊醒梦中人。

我从小树小学二年级就开始给孩子讲数学题,每当这个时候,就是我和孩子最痛苦的时刻。直到现在,只要是稍难一点的数学题,都会让孩子觉得痛苦。

看到这种情况,我总觉得是孩子懒惰,不愿意做难题,甚至在给他讲题的时候他还会不专心,就连容易的题也会变得不愿做、不会做。我越是耐着性子讲解,孩子越是展现出一副很萌、很无辜同时也很无知的样子,我的火气就越是压都压不住。

我认为,他一定是上课没有认真听讲,才会连这么简单的题目都不会!我才给他讲过的公式定理,下一秒他就不明白,脑子完全不会转,他真的有这么蠢吗?他做别的事情的时候可是一点儿也不蠢啊!一定是他不专心听讲!越想越生气,讲解的时间也越拖越长,没有一点效果。最后是不欢而散,孩子对难题也更加怵头。

一天,和孩子约定第二天要复习一下培训班的题目。本来想让孩子把几本书里面相关的题目都做一下,但我又觉得题量可能大了一点。跟孩子沟通,看到孩子虽然没有反感,但反应很冷淡。

我捧着书坐在一边看,突然想起这几年我在工作中的体会。以前领导安排我做的工作,我一定会尽力做好,时间花得不少,收获却只是以完成任务为目的,未必有多开心。后来,领导不安排我的工作了,我自己却安排了更多的事情来做,每件事情都做得超出想象的好,时间抓得很紧,心情也更好。这其中的区别,一个是自愿,一个是任务,同一件事情,做起来心态就有很大不同。

于是我对孩子说:"你把我指定的题目中自己选三个来做,不要选太容易的,也不要选完全没有头绪的,好吗?"刚才还拉长着小脸的孩子飞快地点头,好像生怕我反悔一样,渐渐地脸上就有了笑容。

这三个题目孩子做得又快又好,给我的感觉是上了"一个台阶"。这是孩子夸奖我周五中午做的辣椒炒肉的形容词,借用一下,呵呵!这是我和孩子学难题以来最愉快的一次体验。

晚上,孩子按计划继续复习,刚开始进行得很好。进行到下一节的预习的时候,孩子又出现了不愿意的情绪,进入到之前那种无法思考的状态,一道我觉得孩子应该能做得出的题,跟孩子怎么讲他也不能明白。我心里正感到奇怪,孩子对我说:"妈妈,我累了!"我把书一扔不悦地说:"好,既然你不想搞就不搞好啦!"孩子看到我生气,急忙解释:"妈妈我真的累了,脑子不转了。"嗯嗯,原来是这样啊!

虽然很希望他能做好预习,第二天上课能够更轻松一些,但是我还是扔下书,让孩子结束了学习。

第二天孩子从培训班回来,兴冲冲地告诉我说昨天想不出来的题今天在上课前就做出来了,后面那几个我觉得孩子可能有困难的题,孩子也在老师的帮助下基本上弄懂了,学习效率提高很多!孩子跟我说:"状态好的时候学习,我就像海绵吸水一样吸收知识!"

孩子说:"只要愿意做,难题都能做出来。"以前就看到书上说,题目的难度若在孩子的接受能力之内,孩子才会愿意做。我却因为对孩子的了解不够,未必能每次都把握好这个度,因此让孩子自己选择题目来做也许是让孩子树立信心的最好办法。

于是我和小树达成以下君子协定:

1. 只要孩子抬脚走,政治课下课,但孩子的房间不许关门。
2. 只要孩子说累了,学习课下课,但是学习总量要保证。

长久以来困扰我的一个难题就以这样的方式结束了。以前我如果对于孩子的学习状态观察更仔细一些,对孩子的学习能力了解得更细致一些,对于孩子的学习管理得更温和一些,孩子也不至于直到现在生病的时候才敢对我说一声:"妈妈,我累了。"

赵老师

在培训班外面等着小树下课的时候,曾经听别的孩子聊起过赵老师。那几个孩子提起要上赵老师的课眼睛都会发亮,充满了期待。其中一个孩子告诉我:"上赵老师的课,就像看变魔术一样!"我惊呆了,赵老师教的是生活数学,会这么有趣吗?

后来看王金战老师的书,他指出数学之美,是世界上的音乐、诗歌、文学、绘画等所有艺术之美的总和。王金战老师的话,又一次刷新了我的认知。如果不是读书,我可真不知道世界上会有这样深刻理解数学之美的老师啊!教孩子数学的赵老师是不是也和王金战老师一样呢?我很期待能够见到她。

今天我终于见到赵老师了,她看上去端庄美丽又非常干练。她一开口,就狠狠地夸奖我的小树:"进步很大,学会在学习上你追我赶了……"其实赵老师完全知道他刚才在课上还有一题没有做出来。听着她的夸奖,我都不敢相信她说的那个孩子是我的小树。她顺便还狠狠地夸了我,她说:"你是他姐姐啊,这么年轻……"

处女座一贯挑剔和严谨的思维,第一次偶遇这样令人头晕目眩的夸奖轰炸,完全不知道该如何应答,整个人只能傻傻地听着。赵老师走了好久以后我才回过神来,难怪孩子们那么期待上她的课,她真正教育的不是数学,而是快乐的心灵……

我从来没有像赵老师这样大张旗鼓地夸奖过我的小树,难怪他不能理解我的爱。

学习那点事儿

小树和宝儿都在很年幼的时候就因为学习那点事儿挨过打骂，只说明一个问题：在家长心里，学习确实是挺重要的，起码比小孩子的快乐重要，甚至不惜为了让孩子学点什么而让他受些皮肉之苦。是不是这样呢？也许你心里并不是这样想的，可是在孩子心里，你确实就是这样的父母。

子曰："学而时习之，不亦乐乎？"又曰："师者，所以传道授业解惑也。"这两句话，让我对孔子时代的学习心驰神往：一个或者一群热爱学习的少年或者青年，听说有某位名师在某处讲学，于是千方百计地凑足盘缠和干粮，打起背包，告别母亲，千里万里，风餐露宿、披星戴月、跋山涉水地就赶着去了，为的是亲耳聆听老师的"传道授业解惑也"，从此生活在老师身边。

"少年强则中国强"，我管好我的小树，也算是为国家尽一分力了。这个今年 11 岁的小孩，从他现在的情况来看，几乎每一个认识他的老师，都说他是一个有着浓厚学习兴趣的好孩子，上课非常认真。有一次老师因为要整顿课堂纪律，要求全班同学写周围同学和自己的表现，他可爱的小同桌是这样写的："我找小树讲话，他没有理我。"听到老师说起这样的故事，我十分庆幸老天爷关照，没有让我的"野蛮教育"灭掉孩子爱学习的天性。学习，本来只是学一点什么东西，时不时地练习一下，如果达到能够"秀一秀"的水平，那自然是件很有乐趣的事情，比如说射箭、下棋、打球等。为啥到了学文化的时候，就变成苦差事了呢？

对我自己来说，学校里的那点学习，从小到大都是比较轻松的。这可能因为我本身是个大而化之的人，从来就不关注我的成绩，也从不去和别人攀比。小时候，我最怕背诵，但《博赞学习技巧》让我了解到背诵其实只是一个训练的过程，并没有什么神奇。通过掌握学习技巧，我也改变了自己对背诵的畏惧感。

从小树出生后，对他的学习我从没有意识到要花什么心思，最多就是给孩子唱唱儿歌，念几句古诗，读几篇小故事。因为自己的无知，从孩子上幼儿园起，我就虚心地请教老师：我在家里应该怎样帮助和辅导孩子？老师的回答，基本上都是："不用管，交给老师就行了，学校（幼儿园）老师都会教的。"老师当然是很权威、很负责任、很有经验的，我理所当然地相信了，也一丝不苟地照办了。直到孩子三年级时，学习成绩明显下滑，几乎都要赶不上趟儿了，我才真正着急起来。

回过头来想，我所着急的，其实并不真的是孩子的"学习"，而是孩子对"课本知识的掌握"。为什么着急这个？当然还是中考、高考的指挥棒作用，是名校择优录取的名额限制。说穿了，就是家长对孩子将来在争取优质（教育）资源的竞争中能否获胜的担忧。回头看我读过的每一本育儿经验书，基本上都是以孩子考上优质的、一流的大学为开头和结尾。这是最吸引眼球的东西。百年前的老威特，也是以孩子成为一名大学教授而被认为达到了教育的目标。而我内心真正想要孩子获得的，并不是这些！我只是真诚地希望，孩子能够成为一个自由自在的人、成熟的人，能够勇敢坚定地追求真善美等一切美好的事物，过上他自己想过的生活。至于在学校的成绩，能够跟得上大部队就可以啦。如果更好一点，能够到前10名，那我就会有出乎意料的惊喜啦。

我这样一个对孩子学习成绩要求不算太高的老妈，居然会为了孩子的作业而打骂孩子，真是南辕北辙……算了，不想写检讨，还是说说我的改变吧。经过大量读书和请教所有比我更有经验的朋友和同事，我几乎尝试了每一种自己觉得有道理的方法。我的改变，首先是观念上的改变。

生活中，家长们有一种观点认为：孩子的学习是老师的事情，成绩好是老师教得好；还有一种观点是：孩子的学习好，一定是家长管得好。在我现在看来，两种观点可能都有失偏颇。孩子的学习应该是孩子自己的事情，它既不是老师的事，也不是家长的事。当然，孩子小，老师和家长都是孩子学习的引导者，这份责任是不可推卸的。孩子在学校里的学习，当然是老师的事情，可是老师，要完成教学任务，必须而且也只能保证一个班里80%~90%的学生的学习进度。如果你的孩子刚好是这大部队里的，那你可有福了。如果你的孩子不是在大部队里面，或者你希望他不在大部队里，那做家长的你，就不能省心啦！家长该怎么做呢？这可不是一篇日志说得清的事儿，如果你有兴趣，可以找到很多相关资料来学习。我只说说我自己体会最深的几点：

首先是关于家长如何辅导孩子作业的问题。我听到的最好的答案是不要管，不但不要管，甚至还可以帮着孩子做一点学校布置的作业。为什么？为的是保护孩子的学习兴趣。我自己身边熟悉的优秀妈妈中，有一位的孩子在美国读博士，有一位的孩子2009年考上了北京航空航天大学，有一位的孩子2010年考上了中国传媒大学，这几位妈妈都是推心置腹地这样告诉我，她们都帮孩子做过作业。教育界很有名的尹健莉老师，也是用这种方法，把孩子送进了清华。怎么样？这种听上去很恐怖的方法，你敢不敢试一试？不管怎样，从2009年什么时候开始，我决定麻起胆子放手一试。试验结果，首先是很快就把我从疲惫地管孩子的学习的状态中解放了出来。每天晚饭后，我都可以优哉地跟老公散个步，然后到办公室搞搞学习。九点半左右回家，给孩子的作业签个字，就洗洗睡了。非常轻松。在不管孩子学习的这两年，我自己取得了长足的进步——国家二级心理咨询师的考试一次通过，国家注册咨询师（投资）的考试一次考五过四。（好像有自吹自擂的嫌疑，其实这么说只是想告诉你，从此以后我就真的没有时间和精力去管他的学习了。）我的孩子也没有因为我的不管而成绩下降，反而一直稳步前进，今年六一还捧回了一张"学习小状元"的奖状！（从来没有过的哦。）这样说，也许你不会相信，我管得要死，孩子成绩都不理想，怎么不管了孩子的成绩反而会上升？诀窍当然还是有一点的。不管的是孩子做作业的过程，对于孩子的学习效果还是要关注。

其次，如何关注孩子的学习效果？这个问题，也是我最近才想明白的一点体会。先分享下，如果有什么不完善的，敬请指教。我感到，关注学习效果，一是问，二是看，三是多和老师联系。

问什么：每天孩子回来，问问他，今天学了些啥？老师咋说的？有什么不懂的？作业有错的吗？更正了没有？是不是先复习再做作业啊？明天上不上新课？有没有预习？

看什么：课本、作业、试卷。看课本上有没有笔记，就知道孩子上课有没有听讲。看作业有没有错误，就知道孩子哪里没有弄懂。看试卷上的错题，带着孩子分析一下，就知道哪里是孩子的难点。先把错题弄懂，不要打算一两遍孩子就会明白。雷夫老师愿意把一个题目给孩子讲100遍，那么我是妈妈，起码也要做好讲100遍的思想准备吧。有了这样的思想准备以后，我发现孩子实在是太聪明了，最多讲两三遍，就完全明白了。再拿个错题本，把错题抄下来，隔几天看一看，考试前再复习一下，孩子的学习就变得很有效率。

再其次，多和老师联系，我觉得非常重要。一般情况下，没有特别严重的问题，老师是不会主动联系家长的。而我呢，也是个很腼腆的人，生怕因为孩子的一些小小事情打扰老师的工作和休息。但是自从经常和老师沟通以后，我发现，其实老师们是很愿意把他们知道的您孩子的事儿详细地告诉你的，只是一般没有这个时间（全班50多个学生啊）。而且老师也很愿意知道您孩子的个性特点，很愿意在您孩子遇到困难时及时帮助他。（总的来说，从事老师这个职业的，毕竟是人群中素质很高的一个群体，比一般人的爱心多得多。）如果家长不经常到学校去走一走，一定不会知道这件事情，那你的孩子，就更不会知道老师有多么爱他啦！"亲其师而信其道"，孩子爱老师，才会学得更好。要完成好学校里的学习任务，我觉得，家长能做到这三点就足够了。我的孩子，就是这样回到了班里成绩优秀的群体中。而这几件事情，除了给孩子讲解题目以外，其他的不管家长的文化程度如何，只要有爱心，都是可以做得到的。而给孩子讲解题目，如果家长自己觉得无法胜任的话，还有一个更好的办法，那就是亲自带着孩子去向老师请教。当你给孩子示范了如何向老师请教，孩子就能够感受到向老师请求帮助并不是一件羞耻的事情，孩子也就会乐于向老师提问，及时解决自己没有弄懂的问题了。

学习这点事儿，我觉得如果只是讲"课本知识的掌握"，那就没有什么好多说的了。但我更发自内心地觉得，学习，是一个人一辈子的事情。87岁的外婆，在我眼里充满了生活的睿智，她对我常说的是："活到老，学不了。"我深以为然。爱学习，本来是人类的天性。孩子想学啥，心灵会告诉他，就像饿了要吃饭一样，肚子会告诉他。可悲的是，我们这些所谓的"知识分子"，总是高估了自己的知识，低估了大自然的智慧，只要发现孩子的一点"问题"或者"不足"，就按自己的观念进行分析、责备，横加干涉，搅得那个可怜的小人儿，莫名其妙，无所适从。

在孩子学习的整个过程中，哪里用得上一丁点打骂和责备呢！我以前，真是错得太远太远了。（真诚的忏悔中！）

自信与自爱

看了一本特别好的育儿书,摘录一点在下面:

"你真是个好孩子"是孩子最爱听的一句话。

父母愿意把世界上所有的好东西都给孩子,可是,仔细想一想,我们是不是把这句孩子最喜欢听的话说给了他呢?

人是一种喜欢被别人爱、被别人理解的动物。心灵如玻璃般透明易碎的孩子,更需要我们的呵护与赏识。对孩子来说,重要的是具有自信、自爱的精神,这种精神像植物的根一样,扎得越深越广,结出的果实也就越大。

——摘自杨文《和儿子一起成长》

这本书是2008年出版的,那时杨文教授的儿子已经是剑桥的高才生了。这样一本好书,真是相见恨晚。杨教授本人,是一名优秀的民办教育家,曾获"中国十大杰出母亲"光荣称号。她对于孩子的教育,不仅仅注重知识教育,更注重人格培养。她的育儿经验是全方位的,也是非常具有前瞻性的,特别是在行为教育方面。我想,要是能在更早的时候就读到《和儿子一起成长》,我对于孩子各方面发展的引导可能会更科学。

长久以来,我一直认为孩子应该"先成人,后成才",所以更关注孩子的品格和行为教育。我希望孩子将来不管有没有能力,一定要做一个诚实、守信、有责任心、有爱心、有自制力的男人。我觉得只有这样的男人,才会为家庭、社会撑起一片天空。2008年至2009年,我发现孩子逐渐出现了越来越多的行为"偏差",我的这份焦急,比对小树学习成绩下降的担心还要多。很感谢孩子的班主任不断提醒忧心忡忡的我："你多关注孩子的情绪。"这让我在育儿的迷茫和困惑中有了一点方向。

接下来的日子，我几乎是逢人就"求医问药"。身边的朋友、家人，只要他们愿意跟我聊聊孩子的教育问题，不管是经验还是教训，我都洗耳恭听，希望能找到参考和帮助。只要有一点时间，就在网上和图书馆寻找教育孩子一类的书籍，无论古今中外，只要有参考价值就买或借来熟读。读书的过程中，一旦有所体会，就立即行动起来，改变自己以前的习惯做法。我很快就发现，书中提到的很多方法，解决了很多我以前百思不得其解的问题。只要我的行为方式正确了，家庭教育在孩子身上能起到立竿见影的作用。

当时的我，真像个救火队员，刚刚发现一个看起来很严重的问题，就急急忙忙找对应的书来看；好不容易才找到解决这个问题的头绪，那个"严重"问题又冒了出来。在不断攻克一个又一个难题的过程中，我深深感到，这样总是等出了问题以后再来找解决的办法，实在是很被动，总有一种疲于奔命的感觉。为什么我就不能站到前面一点儿去，从容不迫地迎接孩子的成长呢？如果我能早一点知道一个孩子正常发育过程中可能会出现的各种问题，那就不会这样措手不及了。后来我才知道，站到前面去迎接孩子的成长，实际上是教育的本质。而我当时所能想到的一个办法，就是去学习心理学，通过专业的学习去了解孩子的成长规律，了解人格的发展轨迹，了解人的一生怎样才能保持心理健康愉快的方式。

为什么能下这么大的决心？一方面是源于教育孩子面临的困境。小树虽然长得高大又可爱，聪明又能干，可心灵却非常敏感，特别受不得刺激。班主任老师多次提醒我注意他的情绪，说不担心他的学习能力，只担心他的情绪。我特意找了一些开发智力、调节情商的书来看，发现都跟心理学有关，这就更坚定了我学习心理学的信念。另一方面是因为十几岁时我就曾想要学习心理学，却始终只停留在感兴趣的阶段。2010年，经济上的压力终于没有那么大，我的第一件事就是想满足自己的求知欲。想一想，为了儿子的学习，几万块都得掏，自己学习花个几千块也是值得的。虽然我已是奔四的人了，离开学校已经好多年，可是因为读了东尼·博赞的《快速阅读》和《思维导图》，觉得自己的学习能力应该能够提高很多，对于学习和考试的畏惧心理也少了不少。

心理咨询师的培训对我而言是一个大量知识、全新观念的冲击过程。我在培训班里，结识了LL、陶子、Q、金等若干好友，聆听了燕教授、阎教授、史博士等人的精彩讲课，视野打开了很多。通过学习《发展心理学》，我了解到每个年龄阶段的人，应该重点发展什么样的品质。成年人很多"正确"的思想观念不能在孩子的成长过程中生搬硬套。比如说，对于3岁的小孩，强制要他和小朋友分享他的玩具，完全是违背自然规律的事情；对于12岁以下的孩子，因为孩子背着你做了点什么事情就指责他做人不诚实，基本上是胡说八道。在学习心理学知识的同时，我也学习到教授们的学习方法和思维方式。相比自己以前死记硬背、杂乱无章的学习方式，用他们的方法学习真如拨云见日。我心里暗自感叹，要是我早知道运用这样的学习方法，何愁考不上重点大学！

但是，学习心理学知识最重要的收获还不仅仅是这些。陶子和LL向我介绍了"家排"，第一次听到这名字我感到很惊讶——什么是家排？在百度搜索中，我了解到家排是"家庭系统排列"的简称，其理论著作中有《家庭会伤人——自我重生的新契机》这样一本书。完成心理咨询师的考试，我第一时间找到这本书看起来。

书中好多内容揭开了一直被我埋在内心深处的伤疤，看书的过程中既有强烈的共鸣，又感到非常痛苦。幸好，在我最纠结的时候，偶然与小刘老师的电话沟通给了我很大的帮助。刘老师虽然年纪小，却是个成熟的人，她向我推荐《拆掉思维里的墙》，指出每个父母都不可能是理想的父母，从没有完美无缺的人。她对我贴心地安慰，使那个因为自己曾经犯过那么多错误而深深内疚的我，内心豁然开朗——我对儿子这份深深的歉疚，其实是来自对自我的苛求。我以前对孩子的苛求其实也是源于我对自己的苛求。而我对于自己的苛求，根源是来自我的成长环境。不知不觉中，孩子深受我的影响，因此也在行为上表现出不够自信，不够宽容……如果我一直都不改变，那么我给孩子的环境，就和我自己以前经历过并且深恶痛绝的环境并无二致。这样的结果，和我想要达到的目标完全是相反的。明白了这一点，使我想到今后一定要时时注意自己的言行，以达到"退一步海阔天空"的境界。这不仅要用来对待别人，也要学会更宽容地对待自己。我今后一定还会犯错，但我已经知道，犯错并不是罪恶，而是一种宝贵的历练，重要的不是不要犯错，而是在犯错中得到了什么……

放下了这些令人纠结的过去，我觉得自己心里被压抑着的情绪所结的厚厚的冰壳，慢慢地融化……我的心，重新变得柔软、细腻，心情变得平和、安宁。因为我的变化，我家小帅哥也在发生着令人无比欣喜的变化。我能感觉到，他的心灵因为被压抑着的情绪而冻结的冰层，比我心里的冰壳融化得更加迅速。

他的心，重又变得柔软、细腻，思维也随之变得更加敏锐，情绪比以前稳定了很多，不再动辄和小朋友挥拳头，上课也变得非常专心。他现在更能够感受到妈妈对他的爱。希望那个坐在七楼的窗前，望着楼下想跳下去的抑郁悲伤的八九岁小孩，永远消失在时间的河流里，不要再回来……

记得那天，我强忍着心痛，终于看完了《家庭会伤人——自我重生的新契机》这本书，终于也看清楚以前那么多莫名的烦恼、忧郁和过错的来龙去脉，心情轻松了好多，真有一种脱胎换骨的感觉。正如作者所指出的："痛苦的经历是成长的必需。通过直面自己不曾了解过的痛苦，能够使人重新成长。"我放下了书，也放下了所有的心结。

晚上散步的时候，挽着大树先生的胳膊，我看到天上那个又大又圆的月亮，心里是一种平安喜乐的宁静，是一种无可言传的喜悦。杨文老师说："对孩子来说，重要的是具有自信、自爱的精神。"父母是孩子的榜样，要让孩子学会的，父母要先做个示范。感谢老天给了我一个可爱的孩子，感谢老天让我能因为有他而得到成长！

教育就是爱

一个家庭里,对孩子的教育观点不同,往往是引发许多家庭争吵的原因吧!有的家庭会强调一定要有统一的家庭教育方法和思想,为此不惜发生家庭大战,我也很不幸走过这条错误的道路。其实在家庭里面,最重要的关系是夫妻关系,有了孩子之后,夫妻关系仍然是第一位的。因为有了孩子,夫妻与孩子之间,才会有母子关系、父子关系。面对孩子的教育时,夫妻关系就变成了父母关系。家庭里面所有的关系构成了孩子成长过程中隐形的环境,关系的健康状态会对孩子的成长造成极大的影响。

在生活中经常可以观察到,每一个优秀的孩子后面,往往有一对和谐恩爱的夫妻,甚至有一个和睦团结的大家庭。在每一本育儿经验书里面,对于这一点也许提得并不多,但是从字里行间可以看出,在对孩子的家庭教育里面,作为父母的夫妻双方都是既有分工又有合作的。

夫妻之间通常是不可能没有矛盾的,即使是知识水平相当的夫妻,对孩子的教育方法和思想观念也不可能完全一致。有了矛盾以后,明智的父母总是能够以积极的、带着爱和信任、双方都能接受的方式找到解决问题的办法。很多书里面都会指出:夫妻两个人的争吵务必不要当着孩子的面进行。对于孩子的教育,需要双方沟通协调好了,步调一致了,再遵照孩子成长的规律进行教育和引导。在这方面没有思想准备的父母,往往会在教育孩子时各自为政,在孩子出现了问题以后,又陷入互相指责埋怨的困境。长此以往,孩子的教育出现失误,夫妻感情也会蒙上阴影。

我深深感到,在夫妻关系良好的环境下成长的孩子,会得到很多好处。

首先是他能够感受到父母形式不同但同样深切的爱。德国画家卜劳恩的名作《父与子》中,那个淘气捣蛋的小男孩,正是因着父亲的宽容慈爱,才拥有了勇敢、仁慈、自信、热情等优秀品质，也拥有了令人难忘的快乐童年。

第二个好处是孩子在童年时能潜移默化地从父母身上学习到与长辈、爱人和孩子相处的方式。人到中年，我们会发现成年后的自己总是不知不觉中很像中年时的父母。如果父母之间的关系是平等和谐的，孩子也会在潜意识中照搬父母的行为方式，这将为他成年后的幸福生活奠定重要的基础。

第三个好处是孩子会因为父母的相爱而感到安全和满足。孩子对于父母之间的关系是非常敏感的，有足够安全感的孩子才更容易把心思放在探索知识的世界、追求学习上的进步等需要他自己关注的事情上面。对于年幼的孩子而言，父母就是他的天与地，如果亲眼看见父母之间发生严重的冲突，不亚于遭遇天崩地裂的灾难。

夫妻之间的和谐一致为什么对孩子的成长影响这么大？看似夫妻关系问题与教育孩子无关，可我们只要想一想，孩子是因为夫妻之爱才来到这个世界上，就会明白这个道理。对孩子来说，父母之间有和谐一致的、共同的爱护，才是孩子最根本的需要。海灵格指出："在伴侣关系中，先生和妻子的关系，优先于他们和孩子的亲子关系。但通常夫妻有了孩子后，他们照顾孩子胜过在伴侣之间表达爱意，这样就破坏了层级秩序，孩子会感到不自在，有压迫感。"

"通常，当女人跟随男人，男人服务女人时，爱可以得到良好运作。"把心打开，让爱流淌。从先生到妻子，从妻子到先生；从父母到孩子，从孩子到父母。如果孩子的父母因为种种原因不能经常和孩子在一起，也请一定要让孩子明白，那个不在身边的父亲或者母亲，仍然会以自己的方式表达对孩子的爱。

当你为了孩子的未来而真诚地改变自己，改变自己的夫妻关系，你一定会看到孩子开始发生令人惊喜的变化，而你自己，也会收获一份更完美的人生。孩子是老天赐予父母最珍贵的礼物，他让父母们有机会重新审视自己的成长过程，有机会找回那些遗失在岁月长河里的珍宝，让父母逐渐成熟，体验丰满的人生。

通过学习如何教育好孩子，使我领悟到："真正的关怀就好比爱一棵植物那样，为它浇水，认清它的需要，给它肥沃的土壤，温柔亲切地照料它。"这也许就是很多农村的孩子能够像庄稼一样健康快乐成长的原因——母亲可能没有多少文化，却发自内心地流露出对孩子深厚的爱。

为了给孩子营造好的生活环境，我要努力学会如何与有亲密关系的人相处。

"爱一个人，就是在漫长的时光里和他一起成长，在人生最后的岁月一同凋零。"

感谢我的孩子！他因为爱而到来，他的成长需要爱，他也让我懂得什么才是真正的爱……

教育就是爱，愿我和孩子都能一直得到爱的教育。

孩子不肯做家务怎么办

昨天我和先生一早要出门去，嘱咐孩子要晾衣服、洗碗。孩子非常不乐意，大声说："不！"我也很不高兴，搬出一堆道理和他大吼大叫一通之后，局面很僵。先生打圆场说："他会搞的噻，我们走吧。"中午时回家一看，孩子果然把事情都做完了，却把洗过了的碗仍放在餐桌上，装成没洗的样子。我问他有没有洗碗，他就说："你去看噻！"再问他为啥不把碗收起来，他说："我就是要气你呀！"哭笑不得。

晚上和小树靠在沙发上读书的时候突然心有所悟，问他："为什么我喊你做家务的时候，你总是情绪激动，很不乐意？如果我不告诉你要做什么家务，你又不会主动去做。是不是我说话的语气让你觉得很反感？"孩子没说话。我又问他："如果我说请你做……你会觉得好一些吗？"孩子继续沉默。

"好吧，如果你不回答的话，我就只能按照我认为合适的方式来做了。我觉得父母已经承担了几乎所有的家务，而且在你需要的时候会主动帮助你，那么你也应当为家里做自己力所能及的事情。"

孩子想了一会儿说道："我确实是因为你说话的语气而不高兴，可能你按第二种方式说，我会更愿意一些。"

"那好，下次我告诉你要做什么家务的时候，就说请你……"我心里长长地舒一口气。

今天又有好多衣服要晾。孩子玩完手机，一边往洗衣机那边走，一边讲价钱："我不晒你的，我有好多事要做，我没有时间……"我一边炒菜一边听得无奈苦笑。我不答话，他还偏偏要大声说："我不晒你的衣服啦！"

"不晒就不晒吧。"我也没办法。他听了说："哎呀，今天这么宽宏大量喏，我真的不晒啦，我只晒一半！"我上当了，又给他讲道理……这时他发现洗衣机里的衣服还在滴水，我关了火去教他把洗衣机调成"脱水"模式。我对他说："饭菜也熟了，不晒衣服了，先吃饭。"孩子高兴地说："哦，不用晒衣服啦！"

刚开始吃，洗衣机工作结束的鸣声响起，孩子皱起了眉头："又要去晒衣服。"我连忙说："先吃饭，吃了饭再去晒。"

吃完饭，孩子逃也似的离开餐桌："噢，妈妈最后一个，我不用收碗啦！"我听了没说什么，接着吃。孩子先走到阳台看了看洗衣机，然后又走到洗手池洗完手，再走到阳台上晾衣服。一边晾，一边又开始抱怨。我听了，就说："你看我一回家就手忙脚乱地做饭，你就帮我一下嘛。"孩子立即停止抱怨，很平静地回答："好的。"然后安静地晾衣服。

我吃完饭，收拾碗筷，洗锅抹灶拖地板，全搞完后洗了手来到阳台上，孩子还有一些衣服没有晾完。我说："我来帮你晒吧？"孩子却说："不。"抬头看看阳台上面挂的衣服真多，都没有地方晒衣服了。我就跟他商量："我把干衣服收下来，你把湿衣服穿上衣架，然后我帮你挂上晒衣竿，好吗？"孩子这下高兴地说："好。"我收完了干衣服，准备去折好，就把晾衣竿交给他。孩子继续晾衣服。等我收好了干衣服，到阳台上看看洗衣机，里面空空的，所有的衣服都晾好啦！

我很开心，不是因为孩子做了我要求他做的事情，而是感到孩子很爱我，愿意为我分担家务。我要是早点儿学会温柔的表达方式就好啦。

家庭沟通

小树喜欢和我聊学校或者学习方面的事情。每天班里发生一些让他觉得开心或者不开心的事情,他都会滔滔不绝地告诉我。如果是在餐桌上,我先吃完饭了,他会提要求:"不许走,陪我聊天!"有时我在沙发上看书,他会把我的书拿开:"妈妈别看书了喽,我想和你聊天!"每次我都要求自己,放下心里想做的事情,看着这个小人,接受他的邀请,到他的世界里面去。

有一天,小树因为上英语补习课而大发牢骚,对于每个单词抄20遍的功课尤其感到艰难。听到孩子的抱怨,我经过调查发现,他感到困难的主要原因是不愿意花时间,比他更小的孩子都能够做得到,他却叫苦叫累。当我再三听到他的抱怨以后,不满意地说:"你太懒了。"我说完这话,孩子表情虽有点尴尬,但情绪还算好,并没有马上反驳。大树听到我这么说,随口附和了几句。这时,孩子还没等他爸爸说完就勃然大怒,气得脸红脖子粗,对他爸爸大吼大叫。我很惊讶,赶紧缓和气氛,孩子渐渐平静下来,他爸爸也不吭声了。

有个问题一直萦绕在我心里:"为什么我说孩子他愿意听,有时候骂他,他也能接受。而他爸爸却是刚一开口孩子就大发脾气?"平时孩子和父母在一起相处的时间是完全相同的,父母也都是尽自己最大的努力照顾他,为什么他对父母的态度会有这么大的区别?我看到书上是这样说的:沟通的语言内容可以传递信息,包括表情、动作、神态、姿势和语调等其他方面可以传递更多的信息。往往不是家长说话的内容激怒了孩子,而是家长表达这些内容时,孩子通过家长的表情、动作、神态、姿势和语调,领悟了家长的厌烦、嘲讽或者是敌意,孩子才会被激怒,开始反抗。如果家长的心态还不够平和,那么沟通最好换一个时间进行,以免本末倒置了。

苏霍姆林斯基在《给教师的建议》里面说:"请你记住,教育——这首先是关心备至地、深思熟虑地、小心翼翼地去触及年轻的心灵。要掌握这一门艺术，就必须多读书、多思考。你读过的每一本书，都应当好比是在你的教育车间里增添了一件新的、精致的工具。"

我本想和大树好好沟通一下，却没有单独聊天的机会。

昨天，一边给孩子剥杧果，一边想着怎样和他们聊一下这个事情。当我把这个问题提出来的时候，他俩也觉得很奇怪。两个男人躺在沙发上，等着我这个为他们服务的"仆人"，把答案剥出来。

我徐徐道来："一般来说，孩子会忽略父母对他生活方面的照顾，因为那是从他一出生就已经拥有的。他对于父母在这方面的付出，已经习以为常。"

孩子的语气里略有一些反驳的意思，他说："我还是能够体会到父母在生活方面的操劳，也常常表示感谢。"

我接着追问："但是大多数时候，还是会认为父母是应该做的，会不觉得有什么，是不是？"

孩子点头。

我想了想又说："对孩子来说，最喜欢的事情是能够得到父母的关注。比如父母认真倾听孩子说话，陪孩子聊天，陪孩子玩耍。那么这一点，父亲是不是做得很少呢？常常会不耐烦听孩子说话？"

孩子愤愤不平地说："他不听我说话，还老是抢我的话！"

大树不再朝我们看，举起手里的报纸接着看。

我看了他一眼，看不到他的脸。我决定结束这次谈话："好吧，大家看看是不是能有一些改进？"

孩子表态说："以后我会注意跟爸爸说话的态度。"

大树躲在报纸后面说道："我以后会多倾听孩子的心声，注意多和孩子交流。"

这时，我手里的杧果也剥好啦，孩子喜滋滋地跑过来当吃货。

我说："对于我的劳动成果，你们两个是不是应当适当地表示一下呢？"

孩子边大口吃杧果边十分干脆地回答："功劳都是您的，错误都是咱的！"

小学生的培养重点

"十年树木，百年树人"。对于孩子小学阶段的教育，什么是重点？是知识和功课的辅导，还是能力和素质的养成？我曾经在孩子一、二年级时，因为他不能按照老师要求的标准完成作业而对他指责、打骂，也曾经因为注意到他上课时不能集中精力、考试之前非常焦虑而开始学习教育学、心理学。现在孩子小学即将毕业，小升初面临的激烈竞争让我的心也有些焦虑，对自己教育孩子的方向又做了一些思考。

在知识方面的教学，教师首先必须自己学明白、学透彻，融会贯通了以后，再思考和探索如何才能教得清楚、明白。两方面的工作都做得深入细致，孩子才能学得轻松，学得扎实。比如我给孩子讲一个奥数题，如果讲着讲着，自己的思路都出了错，那孩子无论多么认真，都是听不明白的。所以家长想要在知识方面做孩子的辅导员，一定要努力使自己成为这方面的学问专家，同时也是教育专家，才能帮助孩子在课业的学习上取得事半功倍的效果。

身边有的家长，为了更好地陪伴孩子学习，自己把小、初、高中课程全都重新学了个遍，像这样的付出，我这个懒妈妈是做不到的。有的家长自身学历不高，并不能亲自陪伴孩子读书，但是给孩子创造了很好的学习环境，让孩子对学习感兴趣，有自信，给孩子找到了高水平的指导老师，也能取得很好的学习成果。

有关能力方面的培养，却未必是教师自己拥有很强的能力，就一定能传授给学生；也未必是教师自己在某方面的能力不强，就一定培养不出能力超强的学生。举例来说，奥运冠军教出的学生，未必是奥运冠军；而奥运冠军的教练，也未必非得是奥运冠军。

家庭教育里，虽有一些知识、学术方面的教学内容，但更多的是能力、素质方面的培养。家长要思考的是，为了使孩子拥有良好的学习力、思维能力、亲和力、沟通能力、组织协调能力、自制力、生活自理能力等有利于实现人生成功幸福的各项能力，家长是否提供了适宜孩子能力成长的环境？

举例来说：如果家长对电脑、电视机、手机方面的操作也不熟练，实际上就是给了孩子自由尝试操作电脑、电视、手机等电子设备的练习机会，让孩子得到了锻炼。孩子搞得好，能得到家长的夸奖；搞不好，也不会被责怪，因为家长自己也搞不定啊。这样就给了孩子这方面能力成长的一个宽松的环境。下次再有操作这些东西的动手动脑机会，孩子会很乐于再次尝试，能力也会再次得到提升。家长能力方面的盲点，反而成就了孩子能力上的亮点。

那么，家长在其他自己很擅长的方面，是不是无意中阻碍了孩子能力的发展呢？比如生活自理能力方面，每个家长都比孩子强，孩子第一次不成功的尝试没有得到鼓励，下一次再遇到同样的事情也许就会选择逃避，那么这方面的能力又何以能增强呢？丘吉尔曾经说："你要别人具有怎样的优点，你就要怎样去赞美他。"赞美有一种不可思议的力量，想要孩子哪个方面有特别的发展，就请不吝言辞地赞美他吧！

小学阶段，教育家们往往强调要注重能力和习惯的培养。如何在家庭生活中，实现能力培养的目标呢？这一问题值得每位家长深入思考。

感恩励志夏令营

孩子去深圳参加华实心学院主办的感恩励志开发潜能的心理学夏令营，本来是高高兴兴满怀希望去的。他刚到深圳，就被接站的小表姐吓了一跳。表姐说她亲自去夏令营考察了一番，告诉他们参加夏令营就是去吃苦头的，生活条件不好，有教官管着，是半军事化管理。他一听是这样的情况，情绪当时就"炸"了，打电话来对着我"哇啦哇啦"抱怨了一通。

第二天一早入营，我心里颇有些担心。晚上 6 点钟，他打电话跟我诉苦，说是没吃晚饭。当天晚上还告诉我夏令营里有个 13 岁的女孩子打了老师一个耳光！入营第三天，上午他说被迫签了营规，规定要早起锻炼，没有自由，很不乐意。还说他前一天晚上肚子痛，拉肚子拉到深夜 1 点钟，手臂上被跳蚤咬了一串包，又痛又痒。中午他得知同宿舍的小伙伴要提前回长沙，就也吵着要回家，还说寝室里面有蟑螂，待不下去了。我白天工作也很忙碌，连连接到他的抱怨电话，头都大了。我也在反思自己的决定，让小树单独去参加夏令营，是不是过于轻信？是不是没有充分考虑到孩子对于物质条件的心理需求？孩子正是心灵成长的关键时期，他会不会因为这次经历而变得逆反？

可是当我想到当初联系夏令营带队老师的时候，她那份对孩子的真诚热爱之情，深深地打动了我的心。我知道心理学课程的各个环节都是精心设置的，一定会有让孩子获益匪浅的东西。我仔细听了孩子的抱怨，听来听去都是对艰苦生活条件的不满意，没听说对夏令营的活动和老师们有什么不满。我之前虽然知道夏令营条件不会很好，但我也知道老师们是和孩子们同吃同住的，并没有想到生活条件差会给孩子带来这么强烈的抵触情绪。为了鼓励孩子勇敢去尝试参加夏令营活动，我一直对孩子说夏令营有多么好，会改变他的生活状态，帮助他提高学习动力，取得他最想要的成绩上的进步。现在夏令营才刚刚开始，他就打起退堂鼓，我也很不高兴。

我发短信告诉孩子："我接受你所有的抱怨，你一定要坚持。吃几天苦并不会要你的命，可是吃不了苦，可真是会要了你的命。不要因为别人的半途而废就忘记自己想要学习提高的初衷。你的同学们都在上物理、数学补习课，是不是你更喜欢去上课？"当时孩子并不理解，气哼哼地挂了电话。现在几个小时过去了，铃声再次响起，来电显示又是孩子的电话，不知孩子又有些什么想跟我说呢？我急忙按下接听键。"妈妈，"孩子的声音柔和了好多，"这个夏令营真的是能够改变观念！我们大家今晚都哭得稀里哗啦的，除了我和少数几个跟父母关系好的流泪少一点儿，大家都掉了好多好多泪……"

"为什么会流泪？"我有点担忧，又有点好奇。

"因为我们知道要感恩父母了……妈妈你发现没有，我现在跟你说话的时候，不管我有没有情绪，我都会用温和的语气。"

"哦，是的，这一点连大人都很难做到呢。"我很高兴地赞许他。虽然我刚才没有听出来他情绪的变化，但是他在电话那头传来的声音确实一直很平和。

"你怎么知道老师跟你们做的是'观念'？"我好奇地问。

"那还不是被你熏陶的呗。"孩子乐呵呵地告诉我，"我一听就知道。我喜欢跟这里的姜老师聊天，他太牛了，什么都能聊，就像跟你聊天一样，很舒服。老师们中间也有些是心理教练呢，有的老师还说认识你。老妈，没想到你的知名度还不错呀！"

"啊？"我真是很惭愧。我自从4岁到长沙，从上幼儿园起到独自成家，生活半径几乎没有超过2公里。自己父母、亲人和同学朋友也大多同我一样，长期生活在风景秀丽的岳麓山脚下，如同井底之蛙，生活得很满足，也很封闭。没想到这一年5月份才偶然接触的心理教练课程，竟然让我的孩子在深圳也能得到我素未谋面，甚至不知道名字的同学亲切的关怀。

"妈妈，莫仑老师说起了包老师，他告诉我们，人的一生中，能遇到包老师这样的人，真是非常幸福的事情。"莫仑老师是国内顶级的青少年教育专家，他刚刚结束了第四届心博会在长沙的工作坊，又去深圳陪伴孩子们的成长，可惜我无缘得见。听到孩子崇拜的导师这样评价包老师，我由衷地喜悦。我告诉孩子："我也很幸福。你好好跟着老师们学习，等你回来我就向你学习呀。"我一直有点奇怪孩子怎么会在几小时之内就能够深深感悟父母之恩？老师用了什么神奇的方法？难道真的是给他们做了"观念"？我所了解的观念方法整个过程，没发现有这样巨大的能量，竟然能够在几小时之内同时使20多个孩子都发生巨大的变化。孩子好像知道了我的心意，在电话里问我："你知道我们是怎么发生改变的吗？"

"不知道。"我老老实实地说。

"那天晚上老师带我们做了个游戏。"孩子的声音里透着神秘。

"游戏？"我内心一片茫然。

"所有营员随机分成两个小组，选了两位队长，一男一女。两位队长要承担我们所有人的过错。只要我们报错一个数，他们就做俯卧撑。报错一次，做两个；报错两次，做四个；报错三次，做八个……一直向上倍增。"

"啊！这样的游戏规则……"我觉得有点儿不可思议。

"有一个队长最后做了200多个！"200多个！我也曾做过副队长，也因为队员的表现不佳被罚做过俯卧撑，做10个都已经不易，何况是200多个！

我什么都没来得及说，又听到孩子清脆的声音："我们看到队长的辛苦，都觉得让队长独自承担我们的过错，很对不起他们，队员们哭得很伤心。可是莫老师说，有人一直在承担我们所有的错误，承担我们所有的过失，我们却一直没有看到，那就是我们的父母！他和姜老师一人一句在我们身旁用语言敲打我们的心灵，我们都忍不住痛哭……"

感恩老师们拯救孩子的心灵！12岁至18岁正是父母与孩子关系最紧张的年龄段，感恩老师们用这样巧妙的方法转变孩子们的观念，让孩子亲身体验和感悟父母的付出，老师们强大的教育能量真如春风化雨，润物无声！

又过了两天，儿子终于结束夏令营回到长沙了，一见面他就高兴地与我分享夏令营的收获。他给我看胳膊上被虫子咬而肿起的小包，这么多天过去，还看得清清楚楚是一连串的小包，像春蚕破茧后布下的卵子一样密密麻麻，我看了颇有些心疼。孩子笑着说："当时全营的教官都跑出去给我买药，其中宝宝湿疹膏最有效。"他有些得意地告诉我，他自己跟招待所服务员交涉，要求更换了所有的床上用品，还在房间里喷了杀虫药水。他还观察到喷了药以后，虫子立马爬开了。几天后，当他睡觉的时候又看到有虫子活动，他就从容不迫地涂上了宝宝湿疹膏，睡得很安稳。我赞许他能够自己处理生活上的困难，他却淡定地说："这有什么？我早就会了。"

孩子还给我看了他拍在手机里面的夏令营日志。在老师教他们懂得感恩父母的那个晚上，他在日志里写道："爸妈，虽然我平时也帮你们洗碗，但与你们为我做的相比，差得太多太多。你是为我去学心理学的。爸爸虽然不善于表达爱，但他对我一直是无微不至地关怀。我今天的短信伤害了你，对不起，我们和好吧，还是做好朋友……"日志的字迹很潦草，看得出孩子那时心情很激动。孩子告诉我，有的营友，为父母连一杯水都没有倒过，他们哭得比自己更加伤心。我心里很感激孩子给我看他的日志，跟我分享他的心路历程，愿意跟我做好朋友。

他牢记着姜老师的一番话："若想让自己成为大树，树根就是'孝、悌'，树干是'信'，树枝是'仁、智、勇'。孝是孝敬父母，悌是友爱兄弟姊妹；信是诚信做人；仁是仁爱，智是智慧，勇是勇气。如果让自己成为这样的大树，那一定会结出丰美的果实。"

这让我想起了孔子对弟子们的教导："弟子入则孝，出则弟（悌），谨而信，泛爱众，而亲仁。行有余力，则以学文。"在孔子看来，学生在父母身边就要孝顺父母，离家在外要敬爱兄长，为人谨慎诚信，友爱大众，亲近有仁德的人。这样行动之后还有精力，就去学习文化。按照孔子的教育，学生本是学习生活的人，学业知识是在拥有德行之后才需要掌握的部分。

明朝思想家王阳明认为孝顺有"三种境界"：一是孝父母之身，保障长辈吃穿不愁；二是孝父母的心，让长辈心情愉悦；三是孝父母之志，让长辈活得有意义。心理教练认为，孝的第四种境界是孝父母之智，让父母懂得人生大智慧，生活得自在，是做儿女的最高级的孝敬。

我妈常说我是"斗米养恩人，担米养仇人"，孩子的夏令营感悟提醒我，要好好反思自己该如何尽到为人子女的孝道。人人都有感恩之心，却往往对最该感恩的人抱有最深的怨恨，更不知道孝有几种境界，待父母的态度有时还不如对待宠物。真正孝顺的人，不仅要孝顺父母公婆，对爷爷奶奶、外公外婆等长辈也要一视同仁，用行动去爱护长辈。"爱人者，人恒爱之"，祖先的福德也一定会荫庇这样的后人，保佑他一生幸福平安。

我为什么笑

中午，我拿本书坐在床上正准备看会儿再睡午觉，儿子到我床前来跟我说话。

"这次直播活动终于结束了，感觉轻松多了。"儿子一副如释重负的样子。小树经历了一年零两个月时间天天坐在家里直播玩游戏的生活，我和他爸爸一直听之任之。他最近告诉我，他所在的直播网站举办了为期15天的游戏区直播排名活动。这个活动于今天下午两点结束，官方明天公布最终排名，并且发放相关奖励。

我看着他忍不住扑哧一笑。

"你为什么笑？"孩子很认真地问。

"我为什么笑？"我也对自己的笑感到很奇怪。在儿子心里，这是一件很郑重的事情，特意来告诉我，我为什么要笑？是不是心里面有对他的不尊重？

我仔细地回想了一下，告诉他："我觉得你跟我说这件事情的时候，你的感受与作家写完了一本书好像没有什么不同。所以才会觉得好笑。"手上拿着北京协和医院副主任医生张羽写的《只有医生知道》，刚刚看完作者序。"可你是在玩呀！玩电游呀！多少孩子会羡慕你可以天天玩游戏，可是你却因为不用再天天玩游戏而感到放松。"我又笑了。

儿子也笑了："确实是这样。可是真的很累。要是我以前知道直播游戏有这么累，可能我会选择认真读书。"

"那你现在准备怎么做呢？"我想起，他下午要去学校参加一场招聘会。

"我已经问过了，主办方会给我短号和签约，以后我只要完成规定的直播时间就会有固定收入。我可以多花些时间去做视频，利用推广提高人气。达到一定的粉丝数量后，我还想去学习语言，做我自己想做的游戏。"

"你今后会不会一直做直播呢?"我心里对孩子天天坐着打游戏这种生活方式还是有些担忧。

"不会的。因为我一直打游戏,所以能够看到这些游戏的不足之处,更想要有一款自己喜欢的。"儿子很坚定。"想到自己不到18岁就能够经济独立,真是很开心。我以后想用自己的钱买游戏设备,去北京学习微软的证书。"孩子又开心地笑了。

"我告诉你喽,李嘉诚13岁就已经摆地摊养家了。"他又接着说。

"查尔斯王子的老婆卡米拉,一辈子靠祖上的遗产生活,没干过正经工作,也活得蛮好。"我更希望他不要为金钱而有太大的压力。

"可是我是立足于自己的实际啊,因为我还不到18岁。"他坚定地说。

我看着小树严肃认真的样子,不禁又露出了微笑。

小乞丐出发了

2015年秋天，刚上职高的儿子第一次跟我说"直播"这个词的时候，我完全不懂是什么意思。他告诉我直播也是一种可以赚钱的职业。他耐心地给我解释，还在电脑上打开软件演示给我看。我和他爸爸商量后，同意小树自己去买了一台适合直播的二手电脑，把家里的网络带宽升级到满足他的要求。买电脑的开支和网络费用都算是家里借给他的，他工作赚钱以后要还给我们。他很爽快地答应了。电脑买回来以后，他告诉我要如何管理他的直播间，如何设置机器人小程序自动答谢赠送礼物的粉丝，还喊我看他直播游戏。我看了一会儿，发现他的直播间半小时内就已经聚集了数千的观众，心里非常惊讶。我暗暗想，如果是我来做这个事情，可能连一个观众都不会有，也许他真的适合这个事情。尽管我觉得他所谓的"直播"，就是一天到晚打游戏，但还是一忍再忍，容许他做自己喜欢的事情。

2017年元旦，小树告诉我，他要参加网络游戏直播比赛，如果取得全国前十名，就有机会签约成为有固定月薪的游戏直播员。我像听神话故事一样听他讲这些事情。我想，这也许就是所谓的互联网思维："羊毛出在猪身上，让牛来买单！"我真的无法理解A（互联网公司）为什么要出钱请B（小树）玩游戏给C（不出钱的任何人）看，但是我选择相信"存在就是合理的"。我假装听懂地点点头，鼓励他说："好，那你就全力以赴吧！"

小树最终得到了游戏直播排名全国第二，2017年4月与网站正式签约。5月是他职高班的同学们开始实习的时间，他成为班里第一个找到工作的人，也创下了实习收入最高的纪录。后来我发现，游戏直播也和一份普通工作一样，有苦有乐。儿子把他这一年多以来的工作体会写成了《一个乞丐的故事》，我觉得很有意思，当作他成长的纪念，一直收藏着。

一个乞丐的故事

我是一个乞丐。

我已经在一个小城镇的街道上乞讨了一年零五个月了,今天我想来讲一讲自己的故事。

这是一个非常非常小的镇子,但是风景非常不错。当地人也很淳朴友善,我非常喜欢这里。

人是群居动物,总是会不自觉地跟自己做同一类事情的人抱团。每天大家都会聊聊天,说一说自己今天的遭遇,虽然日子过得比较艰辛,但也还算开心。有时候,有些乞丐被镇子里稍微富裕的人家同情,便能够改善一下伙食,吃上一些对于我来说是简直无法想象的美食。

我当然是羡慕的。

毕竟大家穿着都是破破烂烂的,好像没什么区别。

虽然我每天只能吃吃馒头,但我仍然省吃俭用。我去买了一把琴,每天不那么饿的时候,我就会拿起它,边弹边唱。有些人会为我鼓掌,然后会在我的碗里放入一点钱,又或者是笑着离开。这让我非常开心和自豪,我吃着自己的馒头,会觉得这是通过我自己的努力换来的,我便会更加努力地给来围观的人唱。

后来有些乞丐,被镇子里的大户人家看中,带回去做事了。

还有一个非常特别的,觉得镇子太小了,讨到的钱不足以生活,决定去对面的大城市试试。

他看我太傻,临走前问了问我,要不要跟他一起去闯闯。但我想了想还是拒绝了,我还是喜欢小镇里面的风景和那些总是面带笑容和善的人,我害怕我适应不了大城市的人来人往。于是他就走了,从此之后就断了联系。

后来听说小镇有老板投资,开始建设起了一些娱乐设施。有时候就会有其他大城市的人们来这边玩,碰巧遇到我在给大家唱歌。这个时候他们就会在我的碗里放入不少钱,我会去开心地买几个包子,剩下的自己就默默存起来。如果不小心生病了,就会有好几天不能够出去给大家唱,这些钱可以让我去买点药和吃的,不至于饿死。

就这样过了几个月，来了一张陌生的面孔，我管他叫豹子。豹子衣服并不算太破烂，人不是很瘦。

想必是家里突然出现了变故或者是从隔壁城市下岗失业的吧。

起初他也只是简单地乞讨，但后来看到我一直在唱歌，便鼓起勇气想让我教他。

我想小镇的各位都那么友善，我当然不能拒绝他啦，所以我就教了几首歌给他。

虽然他会唱了，但是因为是陌生人，大家都不爱听他唱，我会恳求大家去听一听。

有些好心的人就会去给他一些钱让他能够生活下去。

就这样又过了几个月，小镇的娱乐设施已经完全建造完毕了，前来游玩的人越来越多，我们的收入也一天天高了起来。有一天有围观的人跟豹子提起，能不能点要求的歌，豹子当然答应了。那天晚上，豹子就去买了好几根香肠，吃得非常香。

他也许觉得这是一条提高收入的好路子，毕竟也想天天吃肉，于是便把点歌的价格清楚地写在自己的牌子上。他还会一点文化知识，有时候有些孩子的作业写不完，就会付一点钱让豹子代写。因为这个原因，每到周末豹子都能赚得盆满钵满。他去买了潮流的衣服、麦克风和音响，好像自己是一位明星，也有其他城市的人慕名而来听他唱歌，每天好不热闹。

不久之后，就有隔壁大城市的老板找到我们，想让我们这些乞丐去给他工作，每个月给我们一笔不错的收入，也就不用再做乞丐了，只是必须去他那边的城市。其他几位乞丐还是喜欢这小小的镇子，拒绝了。

于是第二天我就问前来听我唱歌的群众，我说我可能要离开这个镇子了，不能每天在你们家门口给你们唱歌了，你们愿意吗？

有些人说去哪儿无所谓，只要别被坑了就好。

有些人说希望我留下来，不过我走了之后还是会抽空去其他城市看看我。

有些人说毕竟我还是要生活，哪边待遇好就去哪边。

当天晚上我想了很久很久，最终拒绝了那位老板，他没有从小镇带走一个人，只能悻悻地离开。

豹子也因为有各种设备前来听他唱歌的人越来越多，他甚至给大家宣布自己已经被小镇里面某某知名的企业相中，之后就不需要做乞丐了。大家为了表示祝贺，每天都会给他很多钱，有时候听他唱歌的人太多了，会围成很大一个圈。我想站回到我自己的位置上给喜欢我的人唱歌，但听他唱歌的人却会说："臭乞丐，能不能别打扰我们听歌?！真给这个镇子丢脸，能不能不要搞事了！"

豹子甚至也去跟一些管理镇子的人说，我唱歌太吵了，影响了整个镇子的形象。

我很想反驳他，但我知道我只是一个乞丐，不管之前还是现在我们都做着同样的事情罢了。

所以我只能找个安静的地方，继续为那些前来看我的人歌唱。我想我这一辈子都放不下他们的，每天他们都会对我问好，跟我说说他们每天遇到的事。有些初中生、高中生，马上就要迎接考试，不能每天都来听我唱歌了。有些是其他城市的大老板，会告诉我一些我从不知道的知识。

还有些孩子在游戏里面抽到了自己喜欢的卡，会激动地跑来告诉我。知道我受委屈了，会去跟那些蛮横的人理论。他们有些不开心的事，到我这来之后会慢慢忘记。我想我也不能把我不开心的情绪带给他们。啊，我已经完全习惯了这样的日子。

有一天我照常起来，准备给大家唱歌了。但理应熙熙攘攘的人群却不见了，豹子也不见了，小镇好像又回到了之前的样子。不过偶尔还会有路人问，哎，你知道豹子去哪儿了吗？

我想他可能在其他的大城市有了很好的发展，不需要再乞讨或者卖唱了吧！

虽然周围的人一直在变化，但我仍然愿意，在这个小镇，尽我所能给大家带来欢乐，就算最后只剩下一个人在听我唱。

我错了吗

一天,小树一放学就来我办公室找我聊天,等我下班一起回家。

小树上小学时常会到我办公室来,要是有什么特别高兴的事情,总是第一时间就急着告诉我。至今还记得他那天得了表扬回来,歪着脑袋跷着脚嘚瑟的小样儿。上中学了,他中午不能回家,放学时间越来越晚,我们说话的时间也越来越少。晚上放学回家,他只要听到对讲机里面是我的声音,一定要先和我说几句今天遇到的开心的事情,然后才肯上楼。

他也在学着低调做人。4月初,他签约了梦想已久的公司,却没有嚷嚷到全世界都知道。因为签约和比赛的事情,他受了一些委屈和误解,竟然无师自通地学着用小说的笔法,总结了自己直播的经历。我发现他有着将复杂的事情用简练的语言和幽默的方式表达出来的能力。

他说,虽然以我们的年纪来看,他对于别人的污蔑和背叛,处理方式未臻完美,但是在他的这个年纪,他的这种处事方式,已经比平常人高了两个等级!我深以为然。

这一年,儿子的确是很努力地成长着。

他说:"我现在生活得非常快乐,能做自己喜欢的事情,不妨碍任何人,有价值感,受人尊重,还能赚到钱,足以养活自己和家人。我为自己感到骄傲,也觉得自己非常幸运。"他还告诉我:"过去的每一条时间线,都是刚刚好,成就了现在的我。"

我说:"我却常常反思自己对你的教育,是不是正确,是不是基于爱。"我想得最多的问题是:"我错了吗?"每次觉得痛苦烦恼的时候,我就去读那些教育家的经典作品。每次一一对照之后,我总是认为,我的孩子是好的,没有什么大问题。

儿子奇怪地问我:"你为什么会觉得痛苦烦恼?我认为自己一直表现得挺好的。"我说:"当我接到老师的电话,说你上学期几门功课不及格要补考,说你这个学期只上了几天课的时候,当我发现你对我刻意隐瞒的时候……"儿子说:"妈妈,你在我小时候打我是不对的,但是现在你的教育是没有问题的。像我这么大的孩子,根本就不要因为成绩不好被批评,反而要因为我有自己的特长还能够赚钱被夸奖。"

儿子又说:"要是初中的时候,我像做直播这样用心对待学习的话,我觉得自己的学习成绩不会比表弟差。"我惊讶地说:"你表弟成绩很好的呀!能考上重点中学理实班的孩子,绝不是一般的牛娃。"他却淡定地说:"那你知道有多少人做直播吗?做这一行的成功概率,比考上北大清华的概率更小。"

我并不了解他说的情况。但我还是很高兴,在学习上饱尝失败痛苦的他,并没有因此而失去自信。"你相信自己脑袋还是挺聪明的,不比弟弟笨,是吗?"儿子肯定地回答道:"是的。"我也相信这一点。我也相信小树的潜能是无限的,他一定可以做成他自己想做的事情。只是,他做的事情还未必能够被人们了解和接纳。

我告诉他:"你选择游戏直播这个工作,我和你爸爸一直都是被迫接受的。"想了想,我又说:"但我还是能够接受你走自己的路,我们并没有往死里强迫你走读书的道路。"

儿子说:"妈妈,通过游戏这一行成功是我唯一的希望了,我是宁愿死也要坚持的。"我心中一惊,又暗自庆幸。

读《妞妞》

几天前在同事桌上看到周国平的《妞妞》一书,开口借了来看。我很喜欢周国平的文字,订阅了他的微信号,喜欢他的作品文字优美又蕴含哲理。早听说他失去过一个女儿,为了纪念而写作《妞妞》,我却没有看过。

书在我桌上放了几天,没有时间看。工作累了,打开书想放松一下,却再也停不下来。四个小时的时光飞逝,书很快读完了,擦眼泪的纸巾也用了许多。晚上带回家,推荐给大树先生看,却又忍不住对他说:"你还是别看了,太惨了,会流泪。"

妞妞是个健康活泼又聪明伶俐的小婴儿,只是因为母亲怀孕期间一次高烧,检查时受到 X 射线的辐射,造成她出生时便罹患低于万分之一概率的癌症。书中记录了作者初为人父无与伦比的点点滴滴的喜悦与欢欣。孩子尚未满月,却已经患上绝症,一天天长大,越来越可爱,却越来越接近死亡。作者是哲学家,也是诗人与作家,这期间的记录与思考,既真实惨痛,又发人深省。

作者在书中写道,癌症的发作之惨烈,是他之前没有想象过的,它却降临在一个如此幼小无助又极聪明早慧的小女婴身上,真是心疼死人咧。陪伴癌症患者的家人,又何其不幸,眼睁睁看着她痛,听着孩子的呻吟:"办,爸爸办"(爸爸想办法),爸爸却无计可施,只能抱着哄着忍着哭着……

作者面临的是人世间一切离别中最难面对的父女之别。满腹经纶的哲学家可以通过思考分析使人明理冷静,而肉身却分分秒秒需要去面对和承受爱的悲苦。这是他的选择,他不愿变成没有爱的空壳。唯有忍着这痛,唯有独自承受这寂寞。再也不敢用自己学过的零星理论去"支持"身患绝症的病人,只是以他们喜欢的方式陪伴就足够了。

晚上,合上书,牵着女儿温暖柔软的小手,感到前所未有的珍贵。久雨之后的初晴,空气湿润又清新,呼吸之中有幽幽的清香。春天的林荫路上铺满了樟树脱落的枯叶,踩上去沙沙作响,孩子饶有兴味地踢着落叶,看它们翻起又落下。

春天的时候落叶,是樟树的一大特色。只有等到树梢头的新叶蓬勃地生长,去年的陈叶才舍得从树枝离开,树下厚厚的一层枯黄与枝头焕发的新绿同步展示新旧的更替。鸟儿在枝头唱着情歌引伴筑巢,不久以后,更小的鸟儿又会从枝头学着试飞。紫藤花此时刚刚打苞,一串串像灰白的小毛虫挂在光秃秃的枝条上。也许是因为花期中一直下着雨,桃花和杜鹃的色泽比往年淡白了许多。冬末春初开放的茶花和迎春,红的艳,黄的娇,不减颜色。红花棘木已经是满树的红艳,我摘下几个红红的花瓣放在孩子的小手里,她飞快地扔掉了。平时我也许会逗她问问"这是什么花,有几个瓣",甚至希望她再细看花萼与花蕊。今天却觉得,她看都不看就扔掉也挺好的。

作者说,有些幸福,是失去了以后才觉得珍贵,所以幸福是难的。但是幸福又是平庸的,所以小说家总是删去幸福的结尾。因为痛极,妞妞有了自己的书《妞妞》。因为拥有妞妞没有的健康,作者后来的女儿拥有的是完整的父爱。

两个女儿各有各的命运,他作为父亲,已经尽力了。

乍暖还寒时候

已经是下午 5 点时分，太阳明晃晃地照到桌子上，因为反光，亮得有些刺眼。天气预报说今晚暴雨，降温 10℃，真是有点儿不愿相信。反常的天气让人没心思工作，随便翻翻网络上的新闻：2013 年的春晚娃娃邓鸣贺，天才儿童，6 岁成名，8 岁死于急性白血病；"靓绝五台山"的蓝洁瑛，经历父死母丧，恋爱无果，现在精神失常，睡大街吃垃圾。演员们的人生高峰和低谷让我不禁叹息天道无常，真所谓"天地不仁，以万物为刍狗"。

既然人生无常，何为此生最重要的事情？

人的一生，财富、荣誉、权势都是外在之物，只有自己的经历、感受和体验伴随始终。趋乐避苦，也许是最好的选择。

儿子告诉我，他做游戏直播，感到非常非常快乐。在和小粉丝们的交流过程中，他甚至能起到"游戏心理咨询师"的作用。有的小朋友，本来心情不好，因为在直播间能够和他有一些互动，心情会渐渐好起来。因为能够做直播，他甚至觉得之前发生的每一件坏事，都成了好事。如果不是因为遭遇校园暴力，也许他就不会经常逃课；如果不是经常逃课，也许他就不会上职高；如果不是上职高，也许他就不会有时间做直播。

我很欣赏他小小年纪能够这样看问题，能够找到自己最喜欢的工作，还能够从这份工作中获得价值感，也很佩服他长达一年零五个月的坚持。他付出的热情和时间，一点一滴积攒了 5 万人的关注。他每天自己安排直播时间和内容，过得充实又快乐。我很好奇地问他："你怎么会无师自通做起了直播？"他告诉我："我其实每天都在思考这些问题，也经常会想自己以后要去做什么。"

反观自己的人生，我是否每天都在思考要如何做好工作？是否常常想象自己今后会去做什么？像他那样的年纪，我每天应付老师安排的作业和功课就已经精疲力竭，似乎只有高考后选择志愿的那几天，才有机会思考这个问题。对于人生重要的课题，没有经过思考必然带来盲目的行动，这也许是我无法享受工作快乐的根本原因，我甚至有些羡慕他。

教育的本质是对生命的尊重，要根据孩子本身的特点和实际能力进行培养，目的是使他成为一个有责任感且热爱劳动的成熟的人。所谓热爱劳动，只有主动选择才会热爱，只有热爱才会充满热情地劳动。只有功课的学习，有多大的概率能使孩子对学习产生热爱之情？

据我所知，周边几所名牌大学的学生经历过紧张的学习生活之后，有的是松懈和懒散的，甚至不再有丝毫学习的兴趣。尽管他们都是初、高中阶段学业竞争中的佼佼者，历尽千辛万苦才来到名牌高校学习深造。他们有的终日在网吧流连，有的多门功课挂科，毕业时茫茫然不知往何处去。

这么多孩子，都必须这样整齐划一地度过人生宝贵的青春岁月吗？

每一个人都有自己独具一格的天赋与特长。在青少年时期，老师、家长要鼓励孩子尊重自己的感觉，跟随内心的选择，坚持走自己的道路，发展自我的精神世界，建立良好的道德感与自尊感，这才是教育真正要做的事情。

回想起儿子成长过程中，每当我感到痛苦烦恼之时，我就打开古今教育经典名作来读上几篇，让我的焦虑和攀比之心冷静下来，尊重生命本身的成长规律。

我最爱读纪伯伦的诗句："你是弓，儿女是从你那里射出的箭。弓箭手望着未来之路上的箭靶，他用尽力气将你拉开，使他的箭射得又快又远。怀着快乐的心情，在弓箭手的手中弯曲吧，因为他爱这一路飞翔的箭，也爱那无比稳定的弓。"

我相信，儿子一定会有足够的智慧经营他自己的人生。我只需要给予关注和鼓励，用爱支持他就足够了。

心之所向，素履以往

兴全基金庄园芳董事长说："'心之所向，素履以往'，如果沿着一个正确的方向去认真地坚持，所有的结果都是自然而然的。如今的中国资本市场正处于一个高速发展的阶段，似一场广袤的弈局，充满着机会，也充满着挑战。兴全基金会继续努力坚持真实，把握本质，遵循规律，以一种平和从容的心态为更多的投资者提供优质的服务。"

我看着这段话，心里想的是怎样给小树办理一个兴全的基金定投，让他以后每月工资的一半不断升值。

要怎样做才能让他可以看到这个升值的过程呢？

小树从今天开始就正式离开学校了。他的同学们坐着大巴车去了各个企业，要开始为期一年的工作实习。他觉得自己太幸福了，不用离开家也能工作，做着自己最喜欢的事情，还有不错的收入。他每天都在计划自己的工作内容，下一周该做什么，下个月该做什么。他为自己的进步高兴，对未来充满期待，做这些事情的时候，他满心都是喜悦。

我很高兴听他这么说，忍不住冒出一句："我现在觉得自己的教育没有犯大错误。"

儿子瞪大了眼睛："你没有错！"真是这样吗？我这个挑剔的人可并没有这样乐观。

"什么样的教育是好教育？"这其实是我一直思考的问题。特别是中考和高中期间，儿子时常打架、逃学、考试不及格、离家出走，当这些问题暴露出来时，我常常对自己的家庭教育感到很失败，感到无能为力。

我不知道用什么样的教育方式才能使一个不想去学校，感到学习非常困难的孩子取得好的学习成绩。我没有能力自己亲自辅导，曾经为孩子请过家教，也没有效果。学习上管得太紧，孩子就离家出走，更加让人不放心。以前孩子小的时候，我能够明确感受到自己教育思想上的转变可以立刻带来孩子行为上的变化。但在青春期这个阶段，我个人的努力已经完全看不到任何作用。

尽管感到非常苦恼，但我仍然只能通过阅读经典来寻找答案。我把苏霍姆林斯基和蒙台梭利的教育名著找来读了又读，又向我的心理咨询导师请求指导。我深刻地认识到教育的本质是尊重孩子，是要用一颗心点燃另一颗心的热情。教师或者父母，要在德行上成为孩子佩服的人，才能够拥有强大的感染力，最终引导孩子走上正道。无论有多么艰难，我一定要让我的孩子走正道。在孩子的学习方面，我要求他至少要以合格的成绩拿到中学毕业证。至于孩子的未来，我相信，一个人只要品行端正，勤劳肯干，将来一定能够自力更生，会成为一个对社会有价值的人。

至于还有没有其他的方式，因为不知道该怎么做，所以我什么也没有做。今天听到孩子说我的教育没有错，我真是有点受宠若惊。

小树说："每个家庭对于何为正确的教育，标准是不同的。如果父母本身都是教授，会期望孩子学习优秀，考上北大清华。如果你对我的教育非常成功，那可能是我考上了北大清华，大家交口称赞。但你并没有失败啊！我又没有去做坏事。我三观端正，有自己的工作和事业，能够自己赚钱，不是也很好？"

"你有能力过普通人的生活，确实是很好。"我表示赞同。"教育的成果，要放在长期来看。"我补充道，"何为正确的教育，其实有一个普遍的标准，这个标准就是三观要正。"

最后，我很镇定地陈述我的观点："'天生我材必有用'，为社会奉献自己独特的才能，必然会得到社会的承认。在这个过程中，只要去做你喜欢的事情，把这件事情做到你自己认为的最好，就足够了。我觉得你选择的工作，倒是很符合这个标准。"

"是的，我每天工作都很快乐！"儿子很高兴，"虽然我从事的是服务业，但我从来没有向粉丝索要过礼物和关注！"孩子又说："你看我设置的机器人房管，一袋B坷垃，'XS'带回家，我都是加了引号的，指的是'XS'勋章！"

说实话，当我刚听到这句话时，我以为是小树说他自己带着粉丝送的礼物回家，心里还暗自嘲笑这孩子竟然会编这样的顺口溜鼓励粉丝给自己送礼物。直到这时我才明白孩子这句话的真实含意是指小粉丝带着他的粉丝等级勋章回家！我其实也知道粉丝等级勋章越高，可以得到网站赠送的更多免费礼物，但我并没有想到这一点。我为自己不够细致，没有正确理解孩子的心灵感到惭愧！我也为孩子有这样的境界而自豪。想到这里，我不禁微笑。

我曾经立志要学习金融，成为一名投资专家，兴全基金掌舵人庄女士是我很佩服的榜样。她的话给我以鼓励："继续努力坚持真实，把握本质，遵循规律，以一种平和从容的心态为更多的投资者提供优质的服务。"我也会继续努力，坚持真实，把握本质，遵循规律，以一种平和从容的心态为我的孩子们提供优质的家庭教育。

至于我自己的人生呢？

每当公司有退休的老职工去世，送葬队伍出发时，公司门口会为逝去的人鸣放礼炮送行。我常常站在窗前看着那些礼花一个接一个地腾空而起，火花四射之后，在空中化作一团白烟，随风渐行渐远，最终烟消云散。我明白我的价值，只是要奉献我的一生。

在孩子最需要我的时候，我要陪伴他们；在父母最需要我的时候，我要随喊随到；在工作最需要我的时候，我要尽心尽力；与此同时，我还可以通过做我喜欢的事情，奉献自己独特的价值。只要喜欢，就要坚持。毕竟，"沿着一个正确的方向去认真地坚持，所有的结果都是自然而然的"。

第四辑
亲情深厚,天空辽远

清明扫墓

法国思想家蒙田说过:"我们所住的房间要有一扇俯视墓地的窗户,那会让一个人的头脑清楚,并且让生命中优先顺序之间得以均衡。"

又到了清明时节,公公去世已经十二年。大树拿着扫帚和砍刀,小树提着挂坟用的香烛和彩球,我牵着女儿,一家四口来给公公扫墓。公公的骨灰埋在城市旁的林场里,我们沿着一条蜿蜒的土路走了半个多小时,才走到公公墓前。墓围旁边的樟树,比10多年前长高很多,树冠亭亭如盖。山上草木繁盛,大树每次来上坟都要拔掉公公坟上的杂树野草,把经历一冬留下的枯枝败叶打扫干净。

我问小树:"你还记得爷爷的样子吗?"他说:"记得。我和姐姐抢玩具,爷爷总是护着我。"爷爷去世时,他已经8岁了。要是爷爷看到小树已经长得又高又帅,这么能干,不知会有多开心。女儿第一次来到爷爷坟前,她从没见过爷爷。我告诉她,圆形的坟墓下面,埋着爷爷的骨灰。妹妹看过《爷爷有没有穿西装》的绘本故事,能够理解死去的爷爷。她问我:"爷爷喜欢我吗?"我抱着她说:"爷爷当然喜欢你。"

想起公公的葬礼上,我听着如泣如诉的夜歌子,不停地流泪。鞭炮和礼花轰鸣的间隙里,锣鼓声和着歌声幽怨悲戚。"告别桌椅和板凳,告别炉锅和灶台,告别卧房和床铺,告别娇妻和爱子,我将一去不复返……"我仿佛看到一个忧愁悲伤的灵魂,依依不舍地向生活过的每一个地方道别。那时的我,深深地伤感于生命的无常。公公昨天还跟我们一起吃饭谈笑,今天就已经阴阳两隔。婆婆失去朝夕相处的老伴,从此再不会有人批评她家务事做得不好,也少了一个听她唠叨的亲人。

那悲怆的歌声中,我想起了我的父母,他们也已经年逾七旬,不知还能看多少年的春花秋月。我虽然尽力做到照顾好自己的一家，不让父母操心，可我知道他们自己的生活并不如意。我很想要父母好好珍惜他们在一起的时光，拥有和谐幸福的关系，却不知道该为他们做些什么。

太阳慢慢升高，阳光穿过云层，透过疏朗的枝叶洒落在坟头。大树带着我们一家人，跪在公公的坟前，祈愿一家老小健康平安。今年（2020年）新型冠状病毒性肺炎全球爆发，不知世界上有多少人的命运因疫情而发生改变。国旗半垂，举国同悲，深切悼念因疫情牺牲的烈士和同胞。疫情造成的死亡不容忽视，但更要知道的是，并非只有疫情才会夺人性命，今年以来，大树先生有两位同事英年早逝，我娘家也有几位年事已高的亲人先后离世，他们都不是感染新型冠状病毒性肺炎而离世的。

生命的终点总是以我们不能预知的方式到来，活着的每一天，该如何度过？

在坟墓前静静地聆听心灵的声音，有古远的启示，有未来的希望。

我的生命基因传承自父母和先祖，跨越远古而来；我的思想"根源"继承于中华经典和世界文明，是沉淀千年的智慧。所谓人间百年不过是宇宙中瞬间的梦幻泡影，人生所有的得失与经历都将归于尘土。委屈和抱怨早已转变，臣服于命运是为了当下的自由与解脱。

《西游记》中有这样一段话："夫人身难得，中土难生，正法难遇；全此三者，幸莫大焉。"我已经懂得：若欣赏我的世界，世界与我同在。若欣赏与我同在的人们，人们与我同在。我的空间是无限的，时间也是无限的。从此不必再拘泥于个体的命运，好好珍惜一生，去欣赏去觉悟吧。

外公和外婆

行驶在望城的县道上，路边是大片的农田绵延着。两边杂草和灌木丛生，常见的狗尾巴、蒲公英、芦苇挤挤挨挨，高一点的茶树、木槿、泡桐等杂木参差不齐。灌溉农田的水渠在野树丛中时隐时现，水波清冽。大树高兴地说，小时候他常在这样的水渠里捉鱼摸虾。那时他和表兄弟们十几个人一起捉鱼，伙伴们在水里站一排，鱼儿们都跑不掉。我也是多年未见这样清清的水渠，让我想起外婆家没有拆迁之前的样子。

去外婆家，也要经过一条这样长满狗尾巴草、伴着水渠的小路。我曾在外婆家住过一段时间，每天下班回去，都要经过这条路。路旁的木槿开花时，外婆告诉我，用这树叶洗头发，能让头发又黑又亮。初夏季节，时有卖玉兰花的人经过，外婆总要买上几枝，包在湿手帕里，或者用别针别在衣领口，空气中氤氲着清甜的香味。

有一天我下班回家没有看到外婆，却看到了干外婆。干外婆是外婆几十年的好姐妹，她的儿子也是外婆的干儿子。那天外婆有事要出门，正好干外婆来了，外婆就请她给我做午饭。干外婆做的饭菜也香得很，我一边吃一边想，外婆对我真好，自己有事要出去，还惦记着我下班回家没有饭吃。那时两个外婆都已经超过70岁了，身体都还硬朗，一样的精致能干。两个女人经历几十年风雨的友谊也让我很感动，外婆的个性像个"女宋江"，干外婆也很欣赏她。以前经济困难时期，遇上亲友来借钱，外婆自家没有，就算是出去借也要借一些给来人，为此，她没少挨外公的骂。

外公祖上曾经非常富有，大表姐告诉我，她看到过外公家传的地契，是外公家拥有数百亩山林和良田的证明。外公家原来的大宅在历史运动中被拆掉，那些建房的材料又修成了好几栋房子。外公上过私塾，考过秀才，是个有文化的读书人。他为人忠厚老实、小心谨慎，外婆说他走路都怕踩死蚂蚁。小舅舅毛笔字也写得好，是得自外公的亲传。

外公身体不好，只活了六十多岁就去世了。那时我只有几岁，还记得妈妈得知外公去世的消息，哭得快晕过去。外公生病时，我曾经跟着妈妈去医院里看望他。外公把别人送给他的香蕉剥了半截皮，在上面咬了一口，然后把那口香蕉吐在手心里。他又叫我张开嘴，把那截香蕉喂到我嘴里。我当时小小的心里其实很嫌弃外公的口水，但看到外公那么老了，又病得那么颤颤巍巍的，就不好意思当面吐出来，趁他不注意悄悄地把香蕉吐到垃圾桶里面。外公留给我的印象就只有这么一点点了。

妈妈很怀念外公。她说外公的毛笔字写得非常好，可惜外公没有教她写毛笔字。这事是妈妈称赞我的字写得好的时候说的，在我童年的记忆中是非常特别的存在。我有很多同学的书法技能都是传家宝，父母写得一手好字，孩子写的字也非常漂亮。妈妈可能是因为我写的字更好看一些而为我感到庆幸吧。其实她的字也写得端正整洁，清晰好认，现在好多大学生的字都不见得比得上呢。那时的我，听到妈妈这么说，不知该如何回答，所以选择了沉默。我想，妈妈对于自己的字写得不算好一定挺遗憾的。

现在我知道，其实练字是有方法的。只要找到一本适合自己的字帖，用心记好字形结构笔画，天天练习，一个月就能练出一笔让人刮目相看的好字。不过妈妈小时候练字的字帖也很少，如果让我回到妈妈的童年，不知道我会不会和她一起练字……

外婆病了

外婆躺在床上,显得清瘦了很多,干瘪的手臂露在被子外面。听到我叫她,她努力睁开浑黄的眼睛来看我。看着外婆消瘦的病容,我心里十分歉疚:外婆,对不起,这么久才来看您……

外婆的第一句话是:"他好了没有啊?"我知道她一直挂念着小树生病的事情。

我回答:"好了呢,外婆。"

外婆如释重负:"我就是挂欠(牵挂)他,好了就好。"停了停又说:"我也很挂念你呢,望你来……"

心里酸酸的,真是有太久没有来看外婆了,上一次来的时候,可能还是在3月吧?真的不记得了。总是很想外婆,却又会因为种种"更紧急、更重要"的事情而未能成行。

外婆喃喃地说:"没有什么东西给你吃啊。"

我回答说:"我要吃什么都可以自己买啊。外婆,你想吃什么?"

外婆说:"我想吃糖油粑粑,跟你舅舅说了一个多月了,还没有给我买。"

我连忙答道:"外婆,我知道哪里有卖,我去给你买。"说着站起来就要走。

外婆却又说:"不用,不用,你别去了……"

我匆匆出门,把外婆喃喃的絮语留在了屋里。其实,外婆因为患高血压和糖尿病已经多年,医生禁食糖类,舅舅一定是为这个原因而不给她买来,而我当时竟然没有想到这一点,只是很想为外婆做点什么,满足她的心愿。

大树开着车带着我一路细心寻找。菜市场一般只有早晨才有糖油粑粑,这时已经是下午四点,遍寻不见。远远地看见在中南大学校门口有一个买麻辣烫的老太,下车去问,果然有糖油粑粑。可是那糖油粑粑又小又硬,油锅里只有一点点黑油，不知什么时候炸出来的，看上去令人全无食欲。我们接着寻找。沿着麓山南路，有不少集中卖小吃的推车和摊点，几次下车去看，大部分都是学生们爱吃的麻辣口味，不见糖油粑粑的踪影。我坚定地跟先生说，我记得在什么地方见过有好的糖油粑粑，左家垅没有，湖大靠山的那一边应该有。我们开车过去，先生眼尖，很快找到了。那是一家名叫"老头子糖油粑粑"的小吃店，我赶忙下车过去买。老头子一个人坐在那里炸粑粑，用锅铲徐徐推着油锅里的粑粑，让它们受热均匀。一大锅金黄色的糖油粑粑刚刚炸好，正要出锅，冒出甜甜的香味。老人的头发全白了，剪得短短的，面色红润，看上去精干整洁。我很开心，觉得这正是我想要的，也不敢多买，只买了两元钱的，用小碗盛了，塑料袋装好，赶回外婆家。我小心地把热乎乎的糖油粑粑提在手上，呼吸着刚出锅的糖油粑粑冒出的甜香，心想外婆一定会很开心。

大树先生开车很快，一会儿我们就又回到外婆床前。外婆听说糖油粑粑买来了，高兴得咧开了嘴。我问她要不要趁热吃，她连连说"要得"。平时我给她吃别的什么，哪怕是她最爱的芝麻饼干，她都从不表现出这么急切，我总是要再三地请求她尝一尝，她才勉强吃一两口，看来今天真是馋得至极了。外婆现在就像个孩子，躺在床上用手抓了一个糖油粑粑就往嘴里塞。我担心她吃这种又甜又黏的食物会不易消化，连忙要她小口小口地吃。结果第一口才下去，她就被噎住了，咳了半天才好不容易喘匀了气。她又吃了一小口，还是难以下咽。外婆只好把粑粑放在一边，不吃了。

又躺了好一会儿，外婆让舅舅把她扶起来坐着。外婆坐着的时候，身子佝偻着，头低低地垂着，一头白发左突右支地乱着，一如病魔肆意地侵略着外婆的身体。外婆时不时艰难地举起头跟我说几句话，我竖起耳朵也很难听清楚。她几乎每隔一分钟就用手边的抹布擦一下不受控制地淌下来的口水。我坐在这个潮湿黏腻、气味难闻的屋子里，默默地想外婆的一生。外婆没上过学，童蒙时读过的《女儿经》是她一生奉行的生活标准。她十几岁时年轻漂亮，是大户人家的小姐，出嫁时还带着丫鬟。中华人民共和国成立后她上过识字班，学会了写自己的名字。后来家里穷了，为了让孩子们有一技之长，能够养家糊口，外婆谋划着让大舅和妈妈学裁缝，二舅学木匠……五十几岁时，她一个人去益阳做贩米的生意，赚来自己的养老钱和棺材本。七十几岁的时候，她还每年捡拾酸枣，做我最爱吃的酸枣粑粑。她行动自如的时候，总是会把屋子和自己收拾得干净妥帖，若有客人来访，还会做很多美味大餐。

外公六十几岁去世,外婆一个人孤独地度过了这么多年……

外婆艰难地说:"(我)快要死了,死无葬身之地呢。"

我问:"为什么?"

她说:"就算是埋了也要拖出来烧,还不如先烧了再埋。"

我问:"外婆,怕烧不?"

她说:"怕也要烧,不怕也要烧。"

我说:"外婆,不怕的,不会痛了。"

外婆说:"是啊,不知道了。"

我默默地看着眼前的外婆,在这草长莺飞、姹紫嫣红的 4 月,在这春天的阳光照耀不到的外婆的"牢房"。

她老了,佝偻着,还淌着口水,衣食不能自理,唯一能够开心的事情也许是有人来陪她说说话。

我老了的时候,是不是也是这样?

你老了的时候,是不是也是这样?

妈妈与小兔

一日在公司值班,先到办公室看了看,又去院子里转一转,顺便把我做的一小瓶葡萄酒带给父亲。路上看到小贩卖的苹果很新鲜,买了一件,让他送到妈妈那里。

妈妈看到苹果很喜欢,她让我自己拿着吃。我洗了苹果,她又给我刮子,让我削了皮再吃。我没有要,连皮直接就吃了。妈妈说她平时很爱吃苹果,但都是削皮吃的。最近因为看到毒苹果的新闻,都不敢再买苹果吃了。

她看着我微笑着说:"你看看我的兔子去不?"

我说:"好。"

她拿起茶几上长长的一条干苹果皮,对我说道:"我们平时都把苹果皮放在这里,留着喂兔子,它最喜欢吃了。"

小院子里,妈妈手拿着苹果皮,亲切地喊了两声:"兔兔!兔兔!"一只长着一对又黑又长的耳朵,肥白硕大的兔子奔了出来,在妈妈脚下撒着欢儿,一口衔着苹果皮大吃起来。

我问妈妈:"它叫兔兔吗?"

妈妈柔声说:"平时叫它兔兔啊,乖乖啊,这么叫的。"

我蹲下来,轻轻抚摸兔兔雪白的身子,它没有回头,很安心地继续享受它的美食。我看着它的大眼睛,觉得它似乎也用眼角的余光友好地扫了我一眼。

妈妈告诉我,兔兔很亲她。要是好久没有见到她,只要她喊一声兔兔,它就飞跑出来绕着她的脚边转圈,用身子蹭她,十分亲昵。

我问妈妈:"是不是你喂得比较多呢?"

妈妈说:"不是,你爸爸也喂它,但是我没有打过它。它有时乱跑,到阳台上、房子里撒尿,很臭,你爸爸会打它。我没有打过它。它亲我一些,对你爸爸它就不亲。"

妈妈还告诉我，兔兔很乖巧，又聪明，现在知道把便便都拉到固定的位置，不拉到自己睡的地方。它还在草丛里挖了一个洞，自己又把洞填上。它知道不让它去阳台，就再也不去了。

我很好奇："它怎么知道不让它去阳台？打它吗？"

妈妈说："不是的，把小门关上，它就知道了。"

我笑着说："兔兔也很有灵气啊。"

妈妈很赞同："是啊！"

看到妈妈和小兔兔如此温情地相处，心里觉得轻松了很多。妈妈心中的爱和柔情，是小兔兔唤醒的吗？真是要感谢它了。

又想到，兔兔都这么聪明可爱，何况我们的孩子呢。小孩子生下来的时候，也只有小兔子这么大，是一个柔软脆弱的小生命，是卸下翅膀的天使。孩子是为了唤醒父母生命中最珍贵的情感而来，也是因为对父母的爱而来。打骂只会伤害孩子，温柔的关照才能体现出真爱。没有教不好的孩子，只有不会教的父母。

手足情深

曾经看过一个小故事。故事里说有个年轻人，得到了哥哥送的圣诞礼物，一辆漂亮的跑车。当他准备出门兜风时，看到一个七八岁的男孩子用满是羡慕的眼神盯着车子看，一双小手一会儿摸摸车身，一会儿摸摸反光镜。看到车主走过来，男孩问："先生，这是您新买的车吗？"他说："不是，是我哥送我的。"男孩的眼睛立刻放出异彩，大声喊道："哇！是你哥哥送给你的啊！我多么希望……"年轻人心想，他一定要说："我多么希望我也有这样一个哥哥啊！"可是，男孩的话却出乎他的意料，男孩说："我多么希望我也是这样的哥哥啊！"年轻人很感动，决定邀请这个男孩一起去兜风。男孩兴奋地上了车，并且提出一个请求："先生，能不能请您在另一条街区的那栋房子前停一下？"年轻人答应了。车一停下，孩子飞快地跳下车，从房子里背出来一个四五岁的小男孩。他把小男孩放在门前的台阶上，高兴地介绍说："这是我弟弟！"年轻人看到他弟弟双腿有严重残疾，不能走路。男孩兴致勃勃地对弟弟说："弟弟，你看，将来我要给你买的就是这么漂亮的车。你快看……"

我没有兄弟姊妹共同生活的经验，初次看到这个故事时，既不羡慕年轻人有那样富有的哥哥送礼物，也不会像故事里的小男孩那样想成为那个送礼物的哥哥。我的童年如同被圈禁在家里一样，除了看书画画，只有无限的孤单寂寞。隔着窗户，我会偷听到别的小朋友和兄弟姐妹玩耍时咯咯的笑声，心想我没有兄弟姐妹做伴，我好可怜。我却不知道，我其实也有一个故事里的男孩那样充满爱心的哥哥。

8月初，我们全家去新疆看望姨妈一家，为了省钱，我们坐了两天两夜的火车去乌鲁木齐。我的哥哥嫂嫂提前一个多小时就赶到火车站，在出站口外面翘首盼望。出站时，眼尖的嫂子很早就发现了我们，冲出人群来招呼我们。嫂子告诉我，哥哥在我到新疆之前的两个晚上都没有睡着。哥哥也说，从接到我的短信开始，他的心就跟着我的火车走……哥哥不让我们住旅馆，一定要我们一家住在他自己家里，包吃包住还包玩。他特意请假一周，开车陪我们游览天山、喀纳斯，连景区门票都是嫂嫂远程给我们事先订好的。在哥哥姐姐家里，我们如同最尊贵的客人，得到最细心的照料和全身心的陪伴。我们一起度过了许多开怀大笑的美好时光，也有过许多静静无声的心灵交流。临行之前，哥哥说要给我买几个馕带在路上吃，我也跟着一起去。哥哥一路小心呵护着我，总是让我走在屋檐下的阴凉里。我和哥哥说话的时候，他会细心地帮我把飘到嘴里的发丝轻轻拨开。

离开昌吉的这几日，眼中常常不知不觉就含着泪水。我悄悄留在哥哥家中的2000元钱，竟让哥哥伤心落泪，是我料想不及的事情。我当时觉得这一点点钱，与哥哥嫂嫂对我的付出相比微不足道，只是聊表我的一点儿心意。8天相伴，时间才是最珍贵的奢华。

在回家的火车上，姨妈打来电话，她告诉我，哥哥因为我留钱给他而落泪。我告诉姨妈，我真不是想让哥哥伤心的。有姨妈一家人的陪伴，我们很开心、很满足，一路上都在念叨不知道下次什么时候才能再吃到那么好吃的羊肉，那么甜的蟠桃和西瓜，还有那么凉爽的夏天的风。姨妈说她帮人家搞搞卫生，人家送给她200元她不肯要。人家就说是送给她过生日的礼物，她就高兴地接受了。我这才明白，我的做法真的是伤哥哥的心了，哥哥为我做这么多，哪里是为了钱呢？我真是愚蠢。我给哥哥发短信道歉，哥哥却回复说："亲爱的妹妹、妹夫：你们能来我们非常高兴，再遥远的距离也隔不断亲情思念的脚步……不知你们何时能再来，一起享受美好时光……"我说："大树答应我下次坐飞机去看你呢。"

在新疆8天，我有很多新发现。表姐妹几个，我跟姨妈长得最像，不光是脸型，还有粗粗的小腿。第二像姨妈的是大表哥，所以我跟大表哥也长得像。不仅如此，我小时候的一张照片和姨妈年轻时的照片也特别相像。基因真是一个神奇的画师。在姐姐家里我们四兄妹有一张合影，匆忙之中照片照得模糊不清。什么时候我们四个人能以爱晚亭为背景再拍上一张照片呢？我这一次也终于领悟到姨妈为什么那么爱看照片了。照片，是凝固的记忆，是相逢的怀念。

哥哥极重感情，姐姐何尝不是这样。姐姐去年暑假千里迢迢来我家看我。我去上班，她就在家里做饭洗碗，照顾得我太舒服。现在我到姐姐家里去玩，也依然是她为我们的一日三餐在厨房里忙碌。她亲手做我们最想吃的食物，早餐是花卷，中餐是羊肉抓饭。我告诉姐姐，晚餐想吃羊肉饺子。于是整个下午，姐姐都在厨房里准备饺子馅。我和哥哥姐姐们一起包饺子，享受难得的在一起的美好时光。

看到哥哥姐姐如此待我，我才知道自己有多么受宠爱。如果我从小就和哥哥姐姐在一起生活，不知是不是要偷许多懒，撒很多娇，耍很多赖，讨很多嫌？我在哥哥家里住，每天都睡懒觉。姨妈会帮我洗所有的衣服。哥哥照顾我们一家吃睡玩，不辞辛苦，不厌其烦。嫂子总在客厅的茶几上摆满各种各样的水果，每餐都是问我们想吃什么就做什么。

在这样轻松的环境里，我们即使只是聊聊天也会很愉快。哥哥说："外婆家里这么多兄弟姐妹的视力都很好，你为什么会戴眼镜？"我说："可能是因为小时候躲在被子里看小说看的。小时候我还跟男同学打架、跟女同学打架，有一次被一个男同学一拳打到眼睛上，眼睛又青又肿，一个月才消。"哥哥听了告诉我："我那时候回湖南，细姨告诉过我这件事。她说你不听话，被男孩子打伤了眼睛。"哥哥说，当他听说这事以后特别生气，一个人在我读书的小学校门外徘徊了很久。他说，他很想找到那个欺负我的男同学，把他打一顿。可是，哥哥又怕自己走后，男同学会再来打我。考虑再三，他还是忍住气愤，没有进学校帮我"报仇"。听到哥哥曾经这样为我操心，我的眼泪忍不住要掉下来。

原来，不知道自己有，并不等于没有啊！哥哥姐姐对我无私的爱，让我深深地体会到了什么是手足情深。孤单的童年，如今得到爱的补偿，心里不再有遗憾，只有满足和珍惜。亲情可贵，在于血浓于水，更在于懂得与珍惜。"投之以木瓜，报之以琼瑶"，做妹妹的我，希望自己也能成为亲人们的依靠。

乌龟和兔子

6月的最后一天,我要从新疆回家,计划从宾馆出发的时间距离飞机起飞的时间比较近。因为市里面很多地方修路,哥哥和姐姐担心我自己打车去会误机,两家人一起到宾馆接我去机场,给我送行。小车前排哥哥开车,嫂子指路,小外甥元宝坐在车后排正中间,姐姐和我分坐在他两旁。

在路上,外甥问我:"你是什么血型?"我回答:"O型。"他说:"我妈妈也是,我也是。"元宝小声对我说:"姨姨,你打100分,我妈妈打0.00007分。"我看着他微笑,不明白他说的是什么。

停了停,他又对我说:"姨姨是乌龟,我妈妈是白兔。"我更加一头雾水,看着小外甥纯净的眼眸不觉哑然失笑。姐姐皮肤的确很白,可我好像也没有黑到像乌龟吧?

孩子接着说:"乌龟和兔子赛跑,乌龟赢了,白兔输了,因为白兔睡着了。"哦,原来如此。孩子喜欢我对待他的方式,同时也很喜欢自己的妈妈。所以他认真地思考后发现,小姨和妈妈的区别不在于血型,而是在于妈妈是兔子,妈妈睡着了。

这真是个奇妙的发现。

孩子稚嫩的声音再次响起,让我备感惊喜:"我妈妈是一半儿黑一半儿白的兔子。"

"哦?"我好奇地望着孩子。

"她有时候是黑兔子,有时候是白兔子,她有选择的。她想做黑兔子,就做黑兔子,想做白兔子,就做白兔子。"

"嗯,有道理!"我看着孩子点头。孩子对于什么是真爱,完全是懂得的。他仔细倾听了大人们讨论时发表的种种观点,并且抓住了其中的要害:"她是有选择的。"

亲爱的姐姐之前一直在抱怨自己的困境。这个学期虽然孩子的成绩好了很多，而且任课老师们都喜欢他，但是班主任却找到家长，劝家长给孩子转学。因为孩子与班上的同学关系很糟糕。姐姐年初时为了孩子上学方便，四处举债买下一套学区二手房。这才刚刚入住不到半年，就收到老师要求孩子转学的建议，内心的失落可想而知。

我建议姐姐给予孩子"真爱"，而不是"有条件的爱"。真爱的标准就是：无论孩子做什么、不做什么，做得好还是不好，妈妈的爱始终如一。我提醒姐姐，要不要给予孩子"真爱"，你是有选择的。若选择"真爱"，孩子快乐，你也快乐。若坚持"习性"，孩子痛苦，你也痛苦。你并不是没有办法，你是有选择的。当时孩子在一边和舅妈玩，没想到他句句入耳入心。

我看着这个聪明的孩子，忍不住地微笑："元宝，你是不是有选择的？你选择做一个什么样的兔子呢？"孩子望着我，点了点头，我们安静下来。我们注意到元宝妈妈正在以一种极快的语速在讲述什么事情，带着一份强烈的焦虑和不满的情绪。我没有听清姐姐说的具体内容，只看到孩子马上把眉头皱紧，两只小胳膊交叉抱在胸前，脑袋快速冲向妈妈那一边，小身子缩成了一团，一副炮弹即将发射的样子。我把头凑近了孩子的耳朵，轻轻地对他说："元宝，你有没有选择？元宝，你是有选择的哦？"孩子看看我，重重地出了一口气，把紧皱的眉头舒展了一些，把身子又坐正了，两只胳膊却还紧抱在胸前。

我拍了拍姐姐："嘿，你看，姐姐，元宝做了一个选择。"

姐姐回头看看，这才发现儿子抱着胳膊坐得挺僵硬的。

我问姐姐："你在家里是不是常常以这种语速说话？当你以这种语气和语速说话的时候，孩子收到的信息是排斥和厌烦。孩子就体会不到你对他无私的奉献和关心爱护，你知道吗？"

姐姐什么也没有再说，闭紧了嘴。

唉，我知道姐姐是个活泼型个性的人，要让她不说话，可真是不容易。她说起赞美的话语的时候，真是让人心情无比愉悦，非常享受。当她有烦恼困苦的时候，她也只要说一说，心情就会变好。这个要求真是一点儿也不过分。可是，如果因为说话的方式影响夫妻关系，影响母子关系，那就要认真考虑，慎重选择自己说话的对象和时机了。

我向着元宝竖起大拇指："元宝，你做了一个非常棒的选择。你是有选择的哦。"元宝把小手自然地垂下来，放在了身子两边："姨姨，我谢谢你。要不是你来了，我的小屁屁可要挨打了。要是你走了，我妈妈又那样，我可怎么办呢？"

是的，怎么办呢？我的目光停在家里带来的一个小小的饮水杯上，这是大树特意为我选的。水杯盖子设计非常巧妙，有一个可以隐藏的拉手。如果杯子里的水太烫，把拉手翻出来拎着，就不会烫到手。一路上，元宝很喜欢玩我这个杯子。我灵机一动，告诉孩子："小姨把这个杯子送给你。你妈妈知道这个杯子是小姨的。如果妈妈又做黑兔子，你就把杯子拿到妈妈眼前晃一晃。"孩子的小脸上绽放出笑容，双手接过了杯子，欢喜地捧在手里。

机场入口到了，哥哥帮我取出行李，送我走进机场安检区。身后传来元宝稚气的喊声："姨姨，我祝福你一路顺利！姨姨，我祝福你！"听着孩子诚心诚意的祝福，我不再担心赶不上 8 点钟的飞机。顺利过了安检到达候机厅，果然还未开始登机。一切都是刚刚好。

孩子眼中的世界

手机铃声响起，儿子举着我的手机奔到厨房里。我正在挥着锅铲炒菜，回头一看显示屏，原来是姐姐的来电。大树正好回家了，他走进厨房对我说："我来炒吧，你接电话。"我顺手把锅铲交给他，另一只手接过儿子递过来的手机，迅速按下了接听键。

"姨姨，你说我妈妈几句吧……"电话那头传来细弱又稚嫩的童音，"我又有要流鼻血的感觉了！""好吧好吧，妈妈错了，是妈妈不对。"电话那头传来姐姐温柔的声音。随后电话被姐姐接过去，话筒里姐姐的声音更清晰了："是我不对，我知道了……"我能听出姐姐微笑着对我说话。元宝还在一边嚷嚷："姨姨，你说我妈几句，你说呀！"我忍不住笑了。

几周前，在乌鲁木齐和姐姐、外甥在一起的情景，如电视画面一般清晰。我和哥、嫂、姐姐在阳光明媚的酒店大堂里聊天，外甥突然大呼："我流鼻血啦！"7岁的孩子，用小手怎么也挡不住涌出的鼻血。我立即站起来，倒了一点凉水在手上，拍到孩子的前额和后颈上，同时让他把流血的鼻子对侧的手臂举过头顶，另一只手轻轻压住出血那一侧的鼻翼。孩子惊恐地睁大了眼睛望着我说："我流血了！"我对着他微笑点头："别害怕，会好的。"

孩子略为镇定了一些，又望着他的妈妈。姐姐端坐在沙发上面，对我说："这孩子不知道咋回事，常常流鼻血。"我回头深深地看着姐姐的眼睛，严肃地说："你知道吗？因为你的强势，因为你对孩子有压迫，才会让孩子常常流鼻血。"姐姐像是被我一棍子打蒙了，呆呆地望着我。这种匪夷所思的观点，的确让姐姐非常震惊！我看着姐姐，解释道："百病因气而生，强势的母亲往往会有一个得哮喘病的长子，你听说过吗？"姐姐沉默了。

"鼻主呼吸，孩子被你约束得连气都透不过来，你知道吗？你是否愿意来跟孩子说一声：'对不起，是妈妈没有照顾好你的身体，请你原谅。妈妈这样对待你，你还陪伴着妈妈，没有抱怨和离开，我看到你对妈妈的爱了，谢谢你，妈妈也爱你。'"我一句接着一句，缓缓道来。听到我的话，姐姐的眼睛里突然冒出了闪闪的泪花，可是她还是坐在那里没有动。

我回过头来，望着小外甥的眼睛，温柔地看着他，对他说："对不起，是小姨没有照顾好你的身体，请你原谅。小姨这样对待，你还愿意相信小姨，愿意跟小姨在一起，小姨看到了你对小姨的爱，谢谢你。亲爱的元宝，我爱你。"我的小外甥平静地望着我，眼神中不再有恐惧，流露出深深的同情和理解。我回头看了看姐姐，她的泪水几乎要滑落眼眶，却依然端坐着，似乎在努力撑着什么。我问她："你还不愿意跟孩子说一声对不起吗？你还放不下做母亲的架子吗？你还不能放下当老师的身份吗？他在流血呢！"

姐姐顿时泪如雨下。她飞快地来到孩子身边，和我一起蹲在孩子面前，说："对不起，亲爱的孩子，妈妈没有照顾好你的身体……"孩子松了一口气，脸色好看多了。一直默不作声陪伴在旁边的哥哥、嫂子也松了一口气，紧张的气氛缓和了。孩子的鼻血止住了，他把小手放下来，血不再流下来。大人们又开心地一起聊天。

过了一会儿，孩子又大叫："我又流鼻血了！"我仔细一看，这只是一块快要凝固的鼻血，一定是刚才没有来得及流出来，被阻挡在鼻腔里的血块。我镇定地告诉他，这是之前流的鼻血，流出来是好事，如果不能流出来，留在鼻子里面反而不好。哥哥也语气坚定地说："这就是该流出的血。"孩子再一次镇定下来。果然，把血块清理掉以后，孩子再没有流鼻血，拉着我去看大鱼缸。

"姨姨，你看这个泡泡，它不是圆的，是像伞一样的。"哦？我们平时看到鱼缸里的泡泡，不都是圆的吗？我蹲下来，用孩子的高度去看。果然，鱼缸里的气泡不是圆的，而是一个一个伞状的气泡。真奇妙，是水的压力使泡泡变了形，还是玻璃鱼缸壁厚度不均造成的？

"姨姨，你看那个水底，是彩色的，在变色呢！"哦？我再次循着孩子的指示去细心观察——真的！鱼缸底部，光线被荡漾的水波不断地折射，呈现五彩的光波，像彩虹一样美！"姨姨，你看这里，它会动呢！"……每一次听从孩子的召唤，我都看到了我从未见过的美妙。

酒店大堂里面一个普通的方形鱼缸，我每天不知经过了多少次，自以为司空见惯，从未发现过如此的美景。我真是觉得惭愧！孩子的观察力是多么细致入微！我在小树年幼的时候，带他出去玩时总是会提醒他，你看这里，你看那里！我却不知道，这种自以为是的教育方式，其实打扰和阻断了孩子细致的观察力、持久的专注力，进而甚至伤害了孩子的思维能力。

看星星

夏天的晚上，岳麓山中灯光昏昏黄黄，路上行人影影绰绰。我和朋友两家人边走边聊，觉得有些口渴。男士们敲开穿石坡湖边茶馆的门，搬出几把椅子，泡上几杯绿茶，大人们一边聊天看星星，一边陪孩子游戏。

今晚多云，肉眼能看见的星星只有一颗，我举着望远镜去看它。好不容易在视野中找到，才看了它一会儿，这仅有的一颗星星也躲到云里去了。颇有些不甘心，我又举着望远镜站到阁楼上去看江上的大桥和对岸的高楼。远远望去，彼岸路灯如穿线的玉珠，高楼上霓虹灯、射灯、彩灯如翡翠宝石，照耀着江上荡漾的微波，一片璀璨光明；用望远镜看，灯光如同流水，流水映照灯光，江岸上下，万家灯火，宛如仙境，令人心荡神驰。我自己欣赏够了，又递给铃铛一家人看。

望远镜是可以调焦距的，铃铛爸接过来一看，说："好模糊。"重新调好焦距看了一阵，又递给铃铛妈；铃铛妈接过去一看，又说："好模糊。"又重新调焦。最后要递给铃铛看的时候，我糊涂了，不知道调成什么样的焦距铃铛才能看得清呢？也许要等铃铛自己学会了调焦才能真正享受到望远镜的好处。

望远镜是人类了不起的发明，可以帮助我们看清远处的事物。人类的视力本来远不如鹰的目力，可天文望远镜甚至能让人的视线到达雄鹰永远无法企及的宇宙深处。要用好望远镜，一定要使用的人自己会调焦才行。如果不会调焦，再好的望远镜，你看着也是一片模糊。父母们教育孩子的功课何尝不是如此。我常常跟铃铛爸妈说："孩子是上天的礼物，可以帮助父母认识到自己的缺点，陪伴父母找回童年中丢失的珍宝，引导父母完成心灵的自我成长。可是如果父母读不懂孩子的心灵，就无法收到这份珍贵的礼物。"铃铛爸妈都很同意这样的观点，却又觉得现实困难重重，难以实现理想的生活。

铃铛爸曾经对铃铛的胎教非常用心，每天陪妻子腹中的宝宝聊天，讲故事。

女儿生下来以后，最喜爱爸爸的声音，哭闹的时候也只有爸爸才哄得住。可惜近一年来，爸爸事业繁忙，陪伴孩子的任务全交给了爷爷奶奶和妈妈。妈妈工作也很累，下班后陪伴铃铛也觉得十分辛苦。铃铛是个力量型的孩子，很善于利用家人教育理念的不一致，指挥大人们达到她的各种不合理要求。妈妈看到孩子吵着要睡前吃零食，家里没有还非得出去买，心里很着急。铃铛爸爸觉得孩子养成这习惯确实不好，但是家里老人事事都顺着孩子，他拿自己的爸妈也没有办法。他看到我的孩子大一些，就找我来取经，想要我给他支招。

我告诉他，我儿子从小就好好吃饭，很少吃零食。我家的零食从来都是敞着放在茶几上，即使是孩子最喜欢的巧克力，他也很少主动拿着吃，更不会睡前吵着要吃。铃铛爸没有得到他想要的答案，看上去有些失望。

我接着说："任何教育专家，都不可能告诉你每一个具体的'怎么办'。每一个孩子个性都不同，每一对父母的性格也不一样，每个家庭都有不同的生活环境。在教育孩子的过程中，只有父母亲自陪伴，以自己的行为进行示范，对孩子的每一个生活细节及时处理，才能够逐渐养成孩子的好习惯。我虽然是你的朋友，但我不可能24小时跟着你，时时刻刻告诉你'怎么办'，你们只有通过自己的学习和领悟，结合教育孩子的实践去体会，看看什么样的家庭教育能达到你们想要的目标。"

铃铛爸说："我很忙，要多赚钱给父母、妻子、女儿更好的生活。我为女儿在全世界采购最安全的牛奶，给她买最贵的玩具，我还要带着全家人去旅行，这些都需要我多赚钱。我很累，公司里很多事情还没有合适的人来做，所以下班回家之后也只想休息，没有时间陪伴孩子。"

我问："在你心里，请对这几项的重要性排个序，到底是女儿、妻子、钱，还是钱、钱、钱？"

他的回答是："妻子+女儿，再加钱。"

"那么请问你的时间是如何分配的？如果真是妻子、女儿排在前面，如果真是时间不够用，请问你有没有把重要的事情先做？"

到底是当老板搞管理的，铃铛爸立即就意识到了自己误区，沉默了。

"没有人可以像你自己一样关心你的孩子，也没有人可以代替父母对孩子的教育，如果你自己不愿意学习，不愿意改变，那你的孩子长成什么样，你就认命算了吧。毕竟是天道酬勤，亘古不变的真理。"我看着他很严肃地说。他沉默了，我也不再说话。

我又把望远镜举在眼前，重新调好焦距，继续去找没有被云层遮住的星星。

第五辑
永远活在自我成长的空间

放松、尝试、惊喜

家里有摩托车几年了,我一直不敢骑。看到身边的女友们一个个都骑着摩托车上下班,很是羡慕。我打听了一圈,发现她们没有一个不曾摔得皮破血流。听了太多的交通事故,看了太多血肉横飞的惨剧,我对于驾驶的恐惧又加深了一层,再加上视力也很不好,就连尝试的勇气也没有了。

直到8月21日那天,在《潇湘晨报》上看到一篇文章《不是风,是溜溜族》。那些踩着极速滑轮的青年人,凭着兴趣和热情,不断尝试新的动作,不断获得成功,不断感受着惊喜。他还用自己的体验鼓励人们:放松、尝试、惊喜,在每创造一个新动作的过程中,都会有这样一个令人愉快的心理历程。另一篇文章《你会踩刹车吗》(《文萃报》)也给了我动力:许多事情是人们在没有经验的时候必须做的。只要你会踩刹车,知道刹车是要提前踩下去,并且要时刻控制在脚下,那么你就可以在面对危险时,把损失控制在最小。

8月22日,我骑上丈夫的摩托车准备上路了。4岁的小树从未见过我骑车,十分惊讶:"妈妈,你懂不懂交通规则?""没问题,放心吧,儿子。"我心里默念着"放松、尝试、惊喜",左手搭在刹车上,慢慢发动了车子。在校园里新修的宽敞的柏油路上,我轻松自如地驾驶着摩托车,自己做梦都没有想到过。

开车出门的第一件事是去加油。这事在我的想象里简直是一件无法逾越的困难。一想到要被汽油味熏着,挤到一堆男人中间,去等着拿到那个加油的壶,还要排队买油,然后加到油箱,等等,我的头都要大了。但是,不会自己加油又怎么能骑车呢?

一到加油站,那场面比想象中的更糟。十几辆巨大的男式摩托车停在坪里,仅有的三个油壶在男人们中间传来传去。有几个眼疾手快的车手比我后到加油站,已经先拿上了油壶排队去了,我还在那儿东张西望。好不容易等到前面一个带着老婆的中年男人缓缓倒完了他壶里的汽油，我正想接过那只壶，他竟然念念有词地说道："还去加五元钱的看看。"他拿着壶就走了，我哭笑不得。

在我等得脚都麻木了的时候，旁边一个年轻的男骑手飞快地加完了油，把油壶递给了我，我终于进入第二个步骤。我提着油壶加油时又碰到麻烦：摩托车的油箱口装在座凳下面，而我却把大锁挂在座凳上，等于是给油箱加了两道锁，比起别人直接打开油箱盖就往里面灌的麻溜来真是差远了。我只好放下油壶，开大锁、开座凳锁、放好大锁、开油箱盖。这一系列动作下来，我敞口的油壶里，不知挥发了多少汽油。一手握油管、一手提壶，我学着别人的样子把汽油加到油箱里。末了，还把油壶摇一摇，把最后剩余的一滴油也要倒到油箱里去。也许是这个动作有点滑稽，旁边有一个男人的声音对我说："你还要油不喽？"

嗯？他为什么要这样问我？我心里打起了小鼓，不是不怀好意吧？也许是看到了我迟疑的样子，他又说："我那里还有好多油咧。"我抬头一看，说话的原来是一个中年人，旁边还站着一个长得修长秀气的小女孩。那是他的女儿吧，我的心从喉咙眼里掉下来，连忙伸长脖子去看他的壶。"真的呢！"他油壶里真的还有不少汽油，浪费可惜。我谢谢都忘了说，朝他笑一笑把油壶提过来一倒见底，把剩下的油也加到我的油箱里。我的油箱真不错，"咕咚咕咚"全都喝下去，泡泡都不冒一个。

接下来，我骑着车在潇湘大道、麓山南路撒着欢儿，湖大、师大、计专、工大，每一站都成了路边的一瞬。起步、转向、暂停、停车，每一个动作都渐渐熟悉。我甚至鼓足勇气去了一趟荣湾镇，尽管那儿远远看去只有一片密密的人头和穿梭的车流。我小心翼翼地随着车流前进，稳稳地把车开到了农业银行的门口，减速、停车，就像一个老手做的那样。随后我又从车流中穿出，沿着麓山南路回家去。

大树早就在院子里翘首盼望了——"你加油去了这么久！不过，看上去骑得很不错了！"

晚上，我开心地写了一首小诗《有些门》：

> 有些门是掩着的 / 要走近推一推 / 有些门确实关上了 / 但并没有上锁 / 要走近看一看 / 有些门确实锁得很紧 / 但旁边还有门 / 所以不要远远观望 / 就做出判断 / 不要还没行动 / 就告诉自己不行 / ……

三十岁的感悟

仿佛命中注定，30岁的生日必然是不能在家里，而是要和一些不太熟悉的人，去一个陌生的地方。

为什么这么说？首先是有李姐邀我一起去云南，令人一听就心动的地方。因为要请几天假，我思前想后，还是拒绝了。我计划安心工作，星期六再和家人一起聚餐庆祝生日。谁知8月26日星期四下午快下班时，公司临时决定去凤凰进行团建活动。

去凤凰有什么好玩的？这次旅程只让我觉得非常疲惫，路上乘车13小时，我平生第一次晕车反应严重到呕吐。凌晨四点才躺下休息，八点钟就起床游览沱江、虹桥、故居等地，午餐后又去参观南方长城。一路行来，我细心观察，对凤凰之美也有了一些体会。在凤凰凉爽的空气中，大脑似乎吸足了氧，让我对于此前深感迷茫的问题有了一些初步的想法。

关于专业：一毕业就改行，没有从事专业技术的问题一直困扰着我。我今后应该以什么为生呢？文秘？劳资？或是其他什么？所有适宜女性的职业中，有哪些适合我，又是可能有机会去从事的呢？

关于学习：我一直在学习，却没有方向，也没有目标，很盲目。我很不轻松，却碌碌无为，我该怎样学才对呢？

关于价值观：我应该是个什么样的人呢？一直这么单纯，还是学会用手段保护自己的利益？

我觉得比较理想的生活，我想拥有的，应该是：

乐观的生活，要凭借真诚和勤奋来赢得别人的尊敬，把关心和爱带给身边的人们。我以前是这样做的，我今后应该更明确地保持这样的人生态度。

对于事业的发展，不论专业是什么，最终都离不开良好的人际关系和广泛的社会关系。要学会经常和别人交流，从中得到更广泛的信息，进而找到适合自己的机会。要努力扩大交往的半径，认真倾听别人的谈话。以前我在这方面做得很不够，对社会的真实状况缺少必要的了解。

　　始终要坚持学习，永远也不要有"船到码头车到站"的想法。看看公司里很出色的领导者和前辈们，就会明白，每一个比较出色的人都是通过不断学习来提高水平，而不是故步自封。只要有学习的能力和学习的态度，就一定能使自己很快适应新的工作环境。天道酬勤，多读书看报，广泛地涉猎各方面的知识，拓展知识结构。

　　"天行健，君子以自强不息"，如果我能够做好上面几点，应该会拥有一个比较丰富的人生。

终生教育

外甥女园园在我家住了几天,看到我常常手不释卷,好奇地问我:"姨妈,你都这么大了,为什么还要学习?"

"学习让我快乐啊!"我看着园园微笑。

"我讨厌学习。"6岁的园园闷闷不乐。丫丫在旁边低头玩着玩具,也积极参与我们的话题,说道:"我也讨厌学习。"

我笑着问丫丫:"你不是很喜欢'叽里呱啦'?你昨天还用英文跟妈妈问好。"

丫丫笑起来,眼睛弯成小月芽:"我喜欢'叽里呱啦',Good morning!我喜欢学习。"园园却把头一歪,坚定地说:"我只喜欢玩!"

我点点头,缓慢又清晰地说:"儿童的学习就是玩。"

"真的?"园园瞪大了眼睛。

我解释道:"是啊,儿童在玩耍中学会与人相处,增长智力,探索世界,满足好奇心,当然是学习了。"园园想了想,说:"妈妈总是要我学习写字!我喜欢快乐口算,太好玩了。"我笑了,爱学习是人的天性,快乐才是学习的动力。

大学教育或者职业教育不是人生学习的终点,人生必须学习的功课也并不仅仅是专业知识和职业技能。妈妈们都想要培养好孩子,却不知道自己有没有准备好家庭教育的技能,是否能够和孩子一起开心地玩玩学习?

重读《有吸收力的心灵》,做了一些摘抄。这本书诞生于一百多年前,是意大利教育家与医生蒙台梭利在她84岁高龄时完成的封笔之作。

> 为了在文章开头就澄清"开始于降生的终生教育"这一命题,我有必要进行更加细致的说明。甘地是世界著名的民族领袖。他在不久之前表示,教育应该延伸至整个生命。不仅如此,他还说,教育的中

心问题必须是捍卫生命。这是一个社会和精神领袖首次提出这一说法。另外，科学不仅认为终生接受教育是必要的，而且一个世纪的事实也证明，终生接受教育会使人获得成功。但令人遗憾的是，目前还没有一个政府部门采纳这一观点。

我们今天的教育只注重方法、目标和对社会需求的满足，却对人本身未做任何考虑。各个国家的官方教育方式中，没有一种方式是从出生开始就帮助人进行发展，并对这种发展提供保护的。今天的教育理念背离了生物学和社会生活规律。所有进行学习的人被与社会隔离开来。没有人关注不健全或不适合的教育方法对学生思想的威胁和损害。

我觉得这本书是蒙台梭利作为一位教育家一生思考与实践的精华，可她当时面临的社会环境，与现在我生活的环境并没有什么不同。看到身边的妈妈们常常为了孩子的学业成绩而烦恼，强迫孩子完成功课，甚至让几岁的娃娃都已经产生了"厌学"情绪。"如何做妈妈"这条终生教育之路，任重而道远。人们学习知识与技能是为了拥有文凭和工作机会，辛勤工作是为了活得更好，却几乎从不思考人为什么活着，更不知道如何引导孩子热爱生命，活出自我。我不希望把孩子培养成精致的利己主义者，也不希望他仅仅是社会机器中的一枚"螺丝钉"。我希望我对他的教育，能够让他终生热爱生活、捍卫生命，成为一个真正的人。"终生接受教育会使人获得成功"，我相信蒙台梭利的理论，我决定用自己的人生来做这个实验。"教育的中心问题必须是捍卫生命"，我决定要去学习什么样的教育才是捍卫生命的教育。

女人四十

偶然遇到了许久不见的老同学,约好了周六一起见个面,以慰思念之情。几个女人一见面,还像年少时一样亲切。只是记忆中的窈窕少女,如今个个身材走样,游泳圈、肥肚腩成了标配;"尘满面,鬓如霜",肤色无华,皱纹斑点一个都不少……都说"男人四十一枝花,女人四十豆腐渣",每个人都会老,为什么女人的老去比男人的老去来得更让人伤感呢?

年少时曾经期待的美好生活也像青春的容貌一般走样:甜蜜的爱情被柴米油盐消磨成了相看两厌;好像只是因为有了孩子,所以还在坚持拓展自己的忍耐极限。曾经像洋娃娃一样乖巧的孩子渐渐长大,不仅多了升学的压力,身高和逆反似乎同步增长。父母渐渐老迈,出入医院的忙乱,让疲于奔命的生活更添烦忧。职场上的新鲜感和激情早已消退殆尽,新人新面孔越来越多,升职空间也变得越来越小。我们曾经期待的幸福到哪里去了?

当然,换个角度看,好不容易熬到40岁的女人,总算也日渐富有:有男人,有孩子,有收入,有房子,有车子……可是拥有这些就会幸福吗?似乎不是。缺了这些也不行,只有这些,好像也不够。如何才够得上一个幸福的中年女人?

CCTV《2011—2012经济生活大调查》自2011年12月起,邀请全国普通百姓讲"我的幸福故事",与大家分享"获得幸福的智慧"。这是一个为期一年,涉及全国104个城市300个县的10万户家庭的调查。影响幸福感的因素,排前三位的是收入水平(55.53%)、健康状况(48.91%)、婚姻或感情生活状况(32.09%)。其余依次是:社会保障(28.72%)、人际关系(27.96%)、道德风气(21.39%)、事业成就感(21.37%)、环境卫生(15.95%)、自身性格(12.72%)。央视的调查结果显示,全国有44.6%的受访者感觉幸福,其中有

13.33%的人感觉"很幸福"。

　　根据这份调查报告,最幸福的人物画像是:有本科以上的学历,10万以上的家庭年收入,有房有车,休闲时间每天三个小时以上。她/他很满意自己的健康状况和婚姻状况,自身性格好,人际关系不错,对于社会道德风气也比较满意。她/他预计2012年,自己收入还会增加。最影响他幸福感的因素是"社会保障、事业成就感和环境卫生"。我辈凡夫俗子,幸福感和大多数人的幸福感别无二致。按照这个调查报告的结论,要做个幸福的四十岁女人,和容貌一点儿也没有关系。老天爷的事情,让老天爷去管吧。咱还是看看哪些方面是只要自己努力改造就能更接近幸福的样子?

　　我想:本科学历和家庭收入都可以通过努力来提高。健康的身体状态,健康的心理状态,健康的生活方式,互动良好的亲密关系,更是能够完全依靠自己把握的东西。生活中让我们备感烦恼的其实很多时候是来源于亲密关系之间发生的一些小事情。(所谓亲密关系,包括但不仅指夫妻关系和亲子关系。)

　　如何才能拥有更好的生活?我所能想到的是:读书明理,身体力行。好友抱怨道:"我知道什么是对的,什么是好的,却总是不能坚持。"

　　是啊,到了这个年纪,父母、配偶的看法已经不能左右自己,长久以来的习惯和惰性早已成为自己生活的主宰。

　　也许只有一个想法才能够成为女人愿意改变自己的根本动力——想要给孩子最好的未来。天下的母亲,都觉得自己是最爱孩子的人,要不怎会有那么多母亲,为了孩子肯奉献自己所有的时间、精力甚至生命?

　　可是,经过一番上下求索之后,我却发现,要让孩子成功幸福,一定要给他最好的家庭教育。而最好的家庭教育,竟然只是给孩子一个和睦稳定的家庭环境,给孩子做一个健康向上的榜样。然后,让他自由成长,成为他自己。

　　只要你做得到给孩子这样一个家,给孩子这样一个妈妈,孩子一定会快乐健康成长。而这时的你,也会因此而拥有健康的身体状态、健康的心理状态、健康的生活方式、互动良好的亲密关系。简而言之,要让孩子将来幸福,首先要让自己现在就幸福。

　　那么,我常常想,是什么在阻碍自己追求幸福的脚步?是丈夫吗?是孩子吗?是自己的惰性,还是自己的习惯?

　　女人四十,擦亮你的心,会给自己行动的力量。一定要相信自己:你值得拥有最好的生活。所以,一定要付出最大的努力。

读《靠垫》

布置新家的时候，为了更好地照顾自己的身体，我会选择舒服的沙发、柔软的床，还会再搭配各种精美舒适的靠垫。每个热爱生活、富有情趣的家庭里，我都会看到各种靠垫。我很喜欢靠垫，即使是租房住的时候，买不起房子，甚至买不起自己的沙发，也可以买个靠垫让自己的身体更舒服一些。我见过最便宜的靠垫，是自己动手做的，一样的精美舒适。

用两天的零碎时间读完了一位朋友的赠书《靠垫》（韩国，赵信暎著），这是一本介绍"心灵靠垫"的图书。套用百度对"靠垫"的解说："心灵靠垫"是人心不可缺少的精神制品，它使用舒适并具有其他物品不可替代的作用。用"心灵靠垫"可以调节人体与环境、与他人的接触点，以获得更舒适的角度来减轻精神上的疲劳和痛苦。

早晨上班前，我把《靠垫》推荐给13岁的小树。中午回家的时候，小树告诉我，他完成暑假作业后看完了这本书。他问："这个故事是真的吗？真是有些狗血。"

故事情节确实有些狗血。一个韩国中年男人，高级企业培训讲师，人前也是为人师表，冠冕堂皇地活着。回到家时，要面对病弱的母亲、怯懦的妻子、两个幼小的孩子、远远超过支付能力的账单……在公司里紧张时会说不出话，面对的是领导的批判责备、同僚的排斥挖苦、岗位随时可能失去……尽管他知道如何教别人管理情绪、管理时间、管理金钱。面对学员的询问，他的讲解生动翔实，让人信服。可是他自己面对这一切时，全都做不到。

他的狗血生活突然因为一纸遗书而带来转机。于是他放下工作奔赴美国寻找财富的答案。在即将揭晓谜底的时候，母亲生命垂危，他选择了立即回国照顾她。后来母亲身体转危为安，他不甘放弃遗产，再次赴美。他终于找到了答案，巨额的财富近在咫尺。可是，仅仅因为几分钟之差，财富再一次与他失之交臂。他没有坐上能带给他物质财富的航班，仅仅因为一个被忽略的小小细节。他一个人，在机场外哭泣了8个小时。本来就还不清的债务又因此行不成功而增加了几百万韩元。

这个故事是真的吗？我也不知道。我只知道，故事主人公那狗血的情感经历，我们每个人或多或少都会经历。

西方的**概念**里，人是三位一体的组成：body（身体物质），mind（头脑心智），spirit（灵性精神）。身体是心灵的居所，精神是看不见的身体。我们会用食物补充身体的能量，会用知识补充头脑的匮乏，可是精神呢？精神从来不发出声音，隐藏在头脑察觉不到的意识底层，偶然会在梦中出来游荡。我们用什么来滋养精神？有没有让心灵更舒服一些的"靠垫"？

现代行为科学研究表明，人类即使是身体睡着了，心灵还在工作。当心灵与头脑不一致的时候，身体听从心灵的召唤。心灵是自我最忠实的呈现，即使头脑忘记了它的存在，它也依然努力工作。心灵就像身体的心跳和呼吸一样，不需要用头脑管理就能努力地工作。可也正因为如此，当它一切正常的时候，你感觉不到；当它出问题了，你会痛彻心扉，那时，精神已经是病入膏肓。我们会大力推广预防医学来提高身体的健康素质，那么我们做什么可以提高精神的健康素质？

牛吃的是草，挤的是奶，我们都赞美它的奉献精神。而心灵从不休息，我们却忘记了它的存在。精神缺失了的人，物质再富有，也感受不到幸福。心灵的声音耳朵听不见，心却听得见，身体也听得见，情绪也听它指挥，而且它会转化成所有你看得见的东西。

也许你也正在经历充满狗血的人生。如果没有主动去选择的能力，你就是选择被动，选择成为受命运摆布的棋子。即使你已经采取了行动，却也还需要你够细致、够坚持、够快速。飞向财富与幸福的航班，不管你有没有及时登机，它一定会按时起飞。

快点！快点！快点！每一位导游都会这样催促拖延疲沓的旅人，那是因为他的责任心告诉他，只有把你安全送上回家的飞机，他的工作才算圆满完成。可是你的人生旅程是没有导游的催促和提醒的。美好年华在拖延中流逝，你是不是要等到错失了良机再来扼腕叹息？

让我悄悄地告诉你，"心灵靠垫"的秘密：自由=选择的能力+责任心。愿你明白，命运掌握在你自己手里，即使是狗血的人生，也隐藏着翻盘的机会。

认真地老去

"我来不及认真地年轻，待明白过来时，只能选择认真地老去。"三毛的文字，总是这样淡淡地，却在不经意间叩击心灵。这几日因父亲生病而穿梭在医院、家、单位之间，深深感悟到了一份中年人的责任和担当。

父亲因微创手术住在肛肠科，同病室的几位都是同病相怜的男人，一位57岁的公务员，一位67岁的协警，父亲最年长，已经75岁。我请假陪护父亲，听着他和叔叔们偶尔聊聊天。

57岁的干部叔叔感叹："人老了，总是会要生病的。"

这句话引起了大家的共鸣。父亲不由哀叹："是啊！"

协警叔叔却很有气魄地说："有病并不可怕，可怕的是精神上垮掉。有很多人尽管得了癌症，不也好好地生活了很多年吗？"

我忍不住为叔叔叫好："确实是这样！在我身边，就有许多这样的故事，生病不是老年人的专利。"

我给父亲和叔叔们说起了太极老师山峰的故事。他出生在湖南武术之乡，毕业于湖南师大美术系，曾是一名优秀的青年画家，入列世界美术家名库，作品曾授权纽约国际艺术展展出，由台北故宫博物院收藏。他虽然很年轻，却因为长期熬夜工作而罹患严重的风湿，2007年底终于支撑不住瘫痪在床。

他说，那时整个冬季，每天晚上他都是全身湿透，只能挣扎着双膝长跪于电火炉上。上身披着棉被，趴在桌上烤衣取暖，两眼含泪，望着桌面，煎熬通宵，一分一秒等待拯救！这样的人生，让他深感生不如死。

在重病中，热爱传统文化的他开始研读中医与按摩理论，痛定思痛，他明白了没有身体便没有一切！理想未捷怎可身先死！当疼痛稍轻，他便顽强挣扎站立，咬牙忍痛颤颤抖抖习练太极，自我按摩治疗与坚持太极拳锻炼，十多天下来，身体竟然奇迹般地恢复到能够下床行走！于是他更加勤于练拳，静心研读中医按摩，以自己的身体为尝试，他又恢复了健康，重新站立起来了！太极不仅使他身体康复，还成就了他新的事业高峰。2009 年、2010 年他获得湖南省太极拳运动大会暨太极拳锦标赛冠军，成为国家级教练、裁判。

更可喜的是他还总结悟出了一套立竿见影的太极内劲按摩技法，太极按摩不但让他自己的身体完全康复了，还在"印象•湖南"宣传片中表演太极拳，为湖南形象代言。

山峰老师还讲了一个有趣的故事。2008 年的一天，当他在公园路边的树下练习太极拳，努力使身体早日康复的时候，一位老大爷，拄着拐，怒气冲冲走过来一下把他撞翻在地上。他一时觉得莫名其妙："我又没有挡着老大爷的路，站在路边边上专心打拳，大爷为什么要撞我？"只见大爷气恨恨地责备还躺在地上起不来的他："你年纪轻轻，早上起来怎么就搞这个！"我们大家听了，都会心一笑。大爷一定是认为，早晨时光珍贵，年轻人应该有更重要的事情要做！可是，健康是 1，事业、财富、爱情等都是 0，有健康才会有后面的一切，否则什么都没有。

我也曾有机缘与一位懂得养生的离休老干部聊过天。他虽然有八十多岁，但是面色红润，精神矍铄。我第一次见到他的时候，还以为他只有六十多岁。他告诉我，他年轻时是有名的老病号，三十多岁就肝硬化，后来实在无法坚持一线的科研工作，只好调到人事部门从事管理。我很好奇，问他为什么后来如此健康硬朗？他告诉我，是因为他有自己的一套按摩方法。

我非常羡慕他的状态。因为我的家族有高血压、中风等遗传疾病倾向，看到亲人们被疾病折磨得痛苦万状，我多么希望他们能有健康的晚年，也希望自己能一直保持健康。我也曾两次躺上手术台，深知生命如此脆弱，生与死的距离只在呼吸之间。经历过生死之后，我读了很多健康养生方面的书籍。我发现，要想身体健康，第一重要的是保持良好的情绪，第二重要的是养成良好的生活习惯，最后一点才是我们平时最关注的吃什么，怎么吃。更年期是重建健康的关键时期，如果能够在中年时改变自己的不良生活习惯，即使年轻时身体不太好，也可以拥有健康的晚年。中国著名的思想家梁漱溟在他的书中，也讲过类似的经历。

有一个经典段子在网上颇为流行："关于运动和健康方面的钱，该花一定要花！而且要拼命花、努力花、抢着花！因为这花的是医院的钱，你不花，将来还是要交到医院的！预防永远比治疗更重要。今天不养生，明天养医生！"亦庄亦谐的调侃，说出来的却是真理："预防永远比治疗更重要。"

我以为，养生真正该花的不仅仅是钱，还要花时间，花精力，努力培养良好的心态和健康的作息习惯。中年人一定要懂点养生智慧，坚持正确的生活方式，学会照顾自己的身体，做到防病于未然。

因为深知中年人的责任之重大，所以，我选择认真地老去。

我爱读书

我爱读书，愿意用买漂亮时装的金钱来买书，愿意用逛街或者游玩的时间阅读。

我爱读书，常常在困惑迷茫的时候阅读，也会在悠闲宁静的时候阅读。

我爱读书，无论是史书还是漫画，无论是成年人的故事还是小孩子的童话，无论是专业资讯还是诗歌散文。

书中有智慧，书中有财富，书中有安宁，书中有健康，书中有我想得到的一切。

但是读书不仅仅是阅读，而是要立即行动。

读书若有所得有所悟就马上行动，

行动若有所思有所惑就再找书来学习，

按图索骥、知行合一，生活就变得越来越接近我的梦想。

每当心情起伏的时候，我都会让自己读一读书。通过静下心来读书，一方面可以让自己了解那些远离自己生活圈子的卓越人士如何面对他们的人生；另一方面也让自己可以照照镜子，以人为鉴，可知得失。我不太喜欢找家人或者朋友倾诉，最开始是觉得没有合适的人愿意听我倾诉，后来发现"求人不如求己"，找别人倾诉还不如自我调节效果好。

李中莹的《爱上双人舞》，可谓婚姻生活指南的经典。他在书中指出，夫妻间的矛盾，调解的人越多，就越不容易化解。当初看到这句话时，我很庆幸自己咬着牙扛过的孤单和无助。正因为没有人给我调解，所以我和大树十几年的婚姻中，不是没有矛盾，而是我们在相互依靠的过程中学会了自己勇敢面对。

亲子的课题却没有这么容易解决。尽管我从小就很喜欢小宝宝，却常常因为儿子的事情气得七窍生烟。我有一次又为了儿子的事情感到气愤烦恼，无意中看到同事在 QQ 空间相册上传了她的宝宝萌照。那个娃娃长得特别像小树小时候的样子，一样的皮实，一样的又红又黑，一样的咧着嘴角憨笑。看到宝宝那可爱的样子，我心中的怒火烟消云散。

"他还是个孩子嘛。"我在心里告诉自己。"尽管他长得比我高出一头，可他也还是个孩子。当我像他那样年纪的时候，我还不如他呢。"这样一想，我真的一点儿也不生气了，反而开始检讨自己给孩子做了一个不能控制好自己情绪的负面榜样。这时感觉自己绷得紧紧的身体也柔软下来。我又把心理老师教的"NLP（神经语言程序学）的十二条信念"，拿出来学习了一遍，觉得在亲子关系里面运用 NLP 技术真是非常有效。

了解自己

读《培养情商》了解到压力点卡这种东西。书上说,当人有压力的时候,四肢末梢——如手指、脚趾的温度会降低。

我记得从小到大读书期间,总是感觉到很冷很冷。那时我觉得自己是被母亲、被家庭排斥在外的人,精神上非常压抑,又觉得无法摆脱困境。

刚和大树交往的时候,他站在我身边,我会感到脊背后面有一种很温暖的感觉。那时的我不懂得这是为什么,以为是天意,以为他一定是那个正确的人。现在想起来,可能是我的潜意识里知道,在他面前,我不必有压力。因为他主动追求我,我是有选择权的。

上周还看了毕淑敏写的《心灵七游戏》《女心理师》两本书。书里说:我们和父母的关系,如同晒化的沥青,浸入到我们所有的重要关系中。看明白这句话时,心里突然开窍了:我原来对于身边出现的人,总是会以两种形态相处,大多时候是逆来顺受,毫无保留地遵照别人的要求来做;而到达忍耐极限的时候,又会像狂风暴雨一样发作,似乎要把他置之死地而后快。对于不符合自己意愿的事情或者人,完全不会拒绝,也不知道如何摆脱。在心里暗暗地希望他死掉,以为只有这样我才可以解脱……

在心里,我拥抱那个可怜的少女,因为她这样的处事方式,完全是与父母关系的翻版。从小到大,我只能按照母亲的要求去做,以她认为的对错为唯一标准,我的反抗永远无效。母亲照顾我的一切,也不容许我有任何反抗。当那时的我离开家庭的庇护,到学校里进入集体生活的时候,我就像那个被细铁链拴着的大象,我不知道如何正常地与人相处。

所幸现在的我终于明白——我可以用合理的方式拒绝。

当别人未经我同意,把我形象不佳的照片放在网络公共空间里的时候,我第一反应是一笑置之，但是又觉得心里很有些不舒服！本来又准备一如既往地忍受，转念又想到我自己的形象，其实也是值得自己和家人珍爱的，不能让别人这样随意地轻慢。我鼓起勇气和他沟通，他不仅按我的要求撤下了那张照片，并且道歉说是一个无心之失。我接受他的歉意，对他的行为再没有不舒服的感觉。

经由此事，我再次看到了自己潜意识中对于人际关系处理的思维模式，我知道它是从哪里来的，也知道今后要怎么样做才对。现在的我，手足总是温暖的。真高兴，我的心灵终于可以平静安宁了。

读《聪明人和傻子和奴才》

重读鲁迅先生1925年写的《聪明人和傻子和奴才》,会心一笑的同时不由感叹鲁迅先生用幽默的比喻讽刺社会现实,文笔真是犀利。

奴才总是诉说自己的愁苦,痛苦得在地上团团地打滚。"路见不平一声吼,该出手时就出手"的傻子被举报了,紧接着就被赶走了。奴才感谢聪明人,觉得他说得对,总会好起来的……

其实,无论社会怎么样,社会总是人构成的。每个人都具有社会性,每个人的内在,也是一个小社会。我不禁自问,在我自己的身体里面,是不是也住着这三个人?

向习性这个主人投降的,总是奴才。他总是在抱怨,总是在诉苦,总是服从于习性的拘束,哪怕再不如意,宁愿一次又一次痛苦得在地上团团地打滚,也要坚持一条道走到黑。甚至还要给自己找个理由:习性是主子,自己是奴才,主子对于奴才,天经地义一直是这个样,哪里会有错?

傻子只是一个想改变自己的念头,想要改变结果,行动力很强却没有策略,一出手就被习性那一群人捆起来了,那一群人里面有叫懒惰的,有叫怕痛的,有叫怕难的,有的叫惯性,有的叫任性,还有的叫不尊重……还有好多,也不知道他们叫啥名字,反正就是要维护原来的统治,如果要搞点新鲜的东西出来,所有的习性都反对!

聪明人当然少不了,安慰、同情、认命,都是他们的名字。对于奴才来说,这些聪明人能让人觉得"舒坦得不少了,可见天理没有灭绝……"于是奴才得过且过,直到再来一次痛苦的经历。

最终一句"你不错",奴才得到了主人的夸奖,于是"大有希望似的高兴"。奴才回到自己的舒适区,不想再改变,矛盾被掩盖,继续当奴才。

不妨扪心自问：我是不是也为了一句"你不错"而觉得"大有希望"，于是轻易放过自己的盲点和短板，直到下一次"不平起来"？我是不是也认为解决问题的方式只能这样，能做的"不过是寻人诉苦"？还是觉得"这样是敷衍不下去的，总得另外想法子……"

我要不要不断地追问：我真正想要什么？该如何得到？

通过观察那些杰出的心理教练的生活方式，我了解到要时时细心体察自己的感觉，分析深藏在感觉背后的观点信念和思维模式，要像啄木鸟捉虫子一样仔细聆听树干里面的声音，把限制性信念从自己的思维模式中清理出去，把自己本身具有的智慧和能量释放出来。日日反思，时时改进，一定会让自己更勇敢，更有力量，也更快乐。

生命的力量

休息日，天又下雨，我把家里的花花草草打理了一遍。逐一看看盆栽是否需要浇水，又给插瓶的鲜花换水、剪枝，整理下造型。文竹盆里，有一根细细的小草发了芽，我顺手把它拔出来扔在花盆的一角。我想应该是给文竹换土时，混在土里的草籽，遇到合适的温度和环境，就发了芽。

第二天早上，我惊喜地看到，这一厘米多点儿长只有两根头发丝那么细的小草，居然横着也把自己的根伸到了土壤里面。不仅如此，它还把细细的身子向上方弯折，努力举着自己头顶上的两片叶子，从花盆边上探出头来，转向阳光充足的南面。它那打开的叶片和弯曲的茎干，执着顽强的样子，真像一个被梦想唤醒伸个懒腰准备起床的小丫头。尽管它是那么微小，连文竹纤细的枝条都比它粗上十几倍。

大树听我大惊小怪，笑着说："生命力是最顽强的。"是啊！生命力是最顽强的。我们小时候都学过《种子的力量》，"没有一个人将小草叫作大力士，但是它的力量之大，的确世界无比。这种力是一般人看不见的生命力。只要生命存在，这种力量就要显现"。"这是一种'长期抗战'的力，有弹性，能屈能伸的力，有韧性，不达目的不止的力。"

世间最大的力是生命力，最顽强的力也是生命力，只要有生命的事物就有生命力。植物有生命力，动物有生命力，人类有生命力，甚至人类文明也有生命力。人类在历史上曾遭遇过无数灾难，至今没有灭绝。中华文明是世界古代文明中唯一始终没有中断、连续发展至今的人类文明。在这样一个全国人民因为"新冠肺炎"爆发而禁足的春天，全球金融市场因为疫情扩散而暴跌的日子，也许最适合自问生命力存在的意义。

疫情期间，我和表姐妹共读了法国作家阿尔贝·加缪写于20世纪的《鼠疫》。表姐对于作者花费大量笔墨描写那个用碎纸片逗引小猫,然后又狠又准地向着小猫吐痰的小老头,表示很不理解。她说:"那个老头做的事情,既无聊又恶心。"我在读这本书时,并没有特别注意这个让人恶心的小老头,她的提问顿时唤醒了我思维中的盲点。我回应道:"我们这个人类社会,有多少人不是做着既无聊又恶心的事情度日?我们自己的时间,又有多少不是做着无聊的事情胡乱打发了呢?用社会活动家塔鲁的视角记录疫城每天鲜活的情景,不正是对社会最真实的写照吗?"姐姐沉默了一会儿,说道:"确实如此。"

我关注得更多的是那个老哮喘病患者。"他享有一笔年金,得以轻轻松松活到七十五岁"。他早晨醒来,一粒一粒将鹰嘴豆从一只锅子捡到另一只锅子,"动作既专心又合节拍"。他见不得钟表,在他眼里,一块表,又贵,又是个蠢物。"他就是这样一锅一锅倒腾豆子,标志一天时间的划分。""每倒腾完十五锅,我就该吃饭了。这非常简单。"这个老头,在长达一年多的"鼠疫"爆发,封城隔离期间,在书中有名有姓的主角塔鲁去世、里厄大夫的妻子去世、神父帕纳卢去世、法官和他的儿子去世以及无数家庭失去亲人的环境中,一直安然无恙地数豆子。

我们都知道生命之可贵,每个人都只有一次。对于"新冠肺炎"传播的恐惧,也是因为它的致死率大约为2%(疫情结束后会有更为准确的统计),而流感的死亡率大约为0.1%。为了保障人民的健康,我们国家付出了巨大的经济代价,延长假期,封闭了拥有1200万人口的"九省通衢"武汉市。为了及时救助病人,宣布"新冠肺炎"治疗费用全部由国家承担,同时调集全国的资源支援湖北。床位1000张的武汉火神山医院,从设计到建成只用了9天;床位1500张的武汉雷神山医院,只用了11天。世界卫生组织总干事谭德赛惊讶地评论称:"我一生中从未见过这种动员"。湖北当地的医护人员和全国各地派出的支援队伍更是将自己的一只脚踏进了地狱的大门,奋力从死神手里抢人,甚至下决心要不惜牺牲自己的生命。政治家基辛格在《论中国》中说:"中国人总是被他们之中最勇敢的人保护得很好。"

被最勇敢的中国人用自己最宝贵的生命保护得很好的我们这些人,要如何度过自己的生命呢?我们既然也拥有如此顽强的生命力,该把这股劲儿往哪里使呢?小草知道把根扎向土地,枝叶向着太阳,我们人类是否知道哪里才有沃土,哪里才有阳光?

《鼠疫》开篇引用了英国作家丹尼尔·笛福的一句话:"用另一种囚禁状况表

现某种囚禁状况,犹如用某种不存在的事物表现任何真实存在的事物,都同样合情合理。"在我看来,数豆子的老哮喘病人,比被鼠疫囚禁的人们更惨,他将自己50岁之后的生命力囚禁在一张床的范围。因为他五十岁那年认为自己干够了,于是躺倒不干,就再也不起来了。甚至因为恐惧,一生从未出过城。他对无论什么都一概不感兴趣,但仍然希望,活到很老再死。如果必须用精彩、深刻、有趣的灵魂,去交换这样的生命,即使换得再多,又有什么意义?

在我的思想中,有哪些观念把我自己的生命力囚禁?我没有钱?我不够好?还是我做不到那些?我囚禁自己的范围,也许会比一张床大一点点,那真的是我想要的生活吗?如果我也这样几十年如一日地简单重复,活一天与活一百年有什么差异呢?

这个话题也许一时半会儿没有答案,不如常常放在心里想一想。现在我要刷刷手机放松心情,让大脑后台自动去酝酿发酵,等着那个答案有一天像种子萌发一样,从心灵深处蹦出来。我一边想,一边看着同事分享的一个笑话:

昨天我感觉身体有点不适,去医院看病。一位广东口音的医生问我:"你有理由死吗,还是没有理由死?"

听到这个问题,我一下子陷入了沉思,人生的各种场景一幕幕涌上了眼前,还有人生的价值、生命的意义、情感的牵挂、未完的心愿……

于是,我坚定地回答:"没有理由死!"

医生听了我的回答,提笔飞快地在病历上写着:"没有旅游史。"

会心一笑的同时,我更坚定了对生命力的信心:"天总会亮的,没有太阳也会亮。"

时间与复利

爱因斯坦说过：宇宙间最大的能量是复利，世界的第八大奇迹是复利。在投资领域里，复利就是利滚利，把上一期的利息也作为下一期的本金来计算。巴菲特一生中99%的财富都是他50岁之后获得的。50岁之前，他也只是一个普通的中产阶级。从27岁开始，他投资的年复利是20.5%；50岁之后，他的财富进入爆炸期，靠的就是时间和复利的力量。也许在日记中出现一张全是数字的表格非常奇怪，原谅我想不出有什么比数据更加直观的方式来表达复利带给我的震撼。

时间	A	B	时间	A	B	时间	A	B
期初	10	40	2020	74	114	2031	552	326
2010	12	44	2021	89	126	2032	662	358
2011	14	48	2022	107	138	2033	795	394
2012	17	53	2023	128	152	2034	954	433
2013	21	59	2024	154	167	2035	1145	477
2014	25	64	2025	185	184	2036	1374	524
2015	30	71	2026	222	202	2037	1648	577
2016	36	78	2027	266	222	2038	1978	635
2017	43	86	2028	319	245	2039	2374	698
2018	52	94	2029	383	269	2040	2849	768
2019	62	104	2030	460	296	2041	3418	845

这张表格选择的时间段是2010年至2041年，跨越32年。A和B代表两个人，期初的10和40，代表他们俩一开始的不平等。如果我们假设这个10

和 40 的单位是万元，那么 2010 年 A 拥有 10 万元，B 拥有 40 万元，B 拥有的财富是 A 的 4 倍，这个差距应该是普通人与中产的差距吧。如果从 2010 年开始，A 以 20% 的年复利增长他的财富，而 B 以 10% 的年复利增长他的财富，看上去两个人的表现都很不错，大家的财富每年都在增长，只是差距在缩小。15 年后的 2025 年，A 的财富达到了 185 万元，超过了 B 拥有的 184 万元，4 倍的差距被时间和复利填平了！再过 16 年，到了 2041 年，A 的财富比 B 的财富多了三倍多，期初的 10 万元变成了 3400 多万元，与原来需要仰视的 B 的财富相比，已经不是一个数量级。回头看看期初的 10 和 40，再看看 31 年后的 3418 和 845，惊不惊喜，意不意外？

假如把 2010 年 A 拥有 10，B 拥有 40 比喻成学历的差异呢？A 可能是个高中生，只具备基本的通识教育；而 B 拥有的知识比 A 多 3 倍，按照本科、硕士、博士的学制，假设 B 的起点是个博士。博士在工作中学习成长，每年进步的速度是 10%；高中生也在生活中学习成长，每年进步的速度是 20%。那么 15 年后，高中生学问的积累与博士的积累达到同样的水准。如果高中生和博士 30 年始终以同样的节奏追求进步，到 2041 年高中生的学识超过博士 3 倍。31 年的努力换来高中生的学问比博士多 3 倍，是不是很激动人心？

学问上实现完美逆袭，区别只在于保持比别人多 1 倍的进步速度。每年要实现 20% 的学问增长，除以 365 天，就是每天进步万分之五。要取得每天万分之五的进步，也许只需要每天多读 20 分钟书，或者去听一堂自己感兴趣的课程，或者动笔动脑写一篇读书体会。

现在招生和就业时，很多大学和用人单位都追求高学历人才，甚至像追求宠物的血统纯正一样追求学习经历的纯正。他们会认为本硕博都是 985、211 的学生才值得培养，只有在选拔性考试中不断胜出的人才最有可能成为高素质人才。但高考是筛选性的考试，制度虽然很公平，985、211 录取的永远只是少数人，同时高考成绩也有成长环境不同、高考地域不同造成的巨大差异。仅以学历差异对人的未来进行判断，本质上是对大多数人的歧视。阿里云的创造者王坚以心理学博士生导师的身份获得国家电子学会科技进步特等奖，我以为不是学历，而是超级强大的思维和学习力造就了他跨界获得的巨大成功。

学历只说明过去经历的优秀，具备学习和思维的能力才是未来成就的保证。每个人都可以平等拥有复利这个世界上最强大的能量，每个人都平等地拥有一天 24 小时的时间。在平均 30~40 年的职业生涯中，即使一开始没有傲人的学历背景，但你只要终身学习，不断保持进步，成就一样是不可估量的。普通人只要善于学习成长，就一定可以创造属于自己的奇迹。

　　换个角度来看，如果你不愿意努力，每天的时间都在简单重复中度过，即使有博士的学问，7 年之后也许就会被勤奋努力的高中生取代；如果你只是高中生，在中国社会经济以每年 6% 的速度增长的背景之下，我很担心你的岗位会被机器取代。

接纳自己的情绪

所谓接纳，在心理学里是指对自己或者他人所具特征所持的一种积极的态度。在人生成长的过程中，接纳他人，从接纳自我开始；接纳自我，从接纳情绪开始。李玲瑶女士所著《女人的成熟比成功更重要》这本书中有一张情绪曲线图，用正态曲线描绘出情绪对思维的干扰。

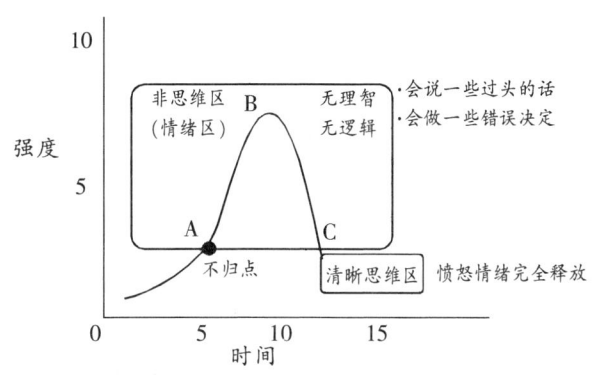

情绪曲线图

在人的大脑结构中，情绪与思维共用一个神经通道，情绪强度越强，理智就会无路可走。都说女人是感性的，学会接纳情绪，让自己保持宁静平和，是每一个女人都需要学习的功课。女主人的心情好，整个家庭里的气氛都会好。

中午，姐姐给我打来电话："你知道吗？高考推迟了一个月！高考当天，正好是我儿子18岁的生日！"

我没有马上注意到她声音里面流露出的气恼，笑着回答："那不是挺好吗？"

她说："我烦死了！只想早点儿解脱，结果还要多受一个月的折磨！"

这下我听明白了，高三家长不容易。因为疫情，陪伴青春期的"神兽"在家上网课的两个月已经折磨得家长们快要发疯，现在高考延迟一个月，期盼已久的"刑满释放"也得后延，一时之间难以接受也是正常的。

"哦，深深地吸一口气，缓缓地吐出……"我用心理教练的方法指导姐姐调整呼吸。呼吸的节奏是调整情绪之阀，缓慢而深长的呼吸，可以给大脑提供足够的氧气，有助于恢复理智的思维。

"体会一下，当你有'烦死了'的感觉的时候，你的内心有什么画面，有什么声音？"我问。

"……"姐姐深深地吸了一口气，回答道："一团乱麻。"

"好，有没有人得到高考延后一个月的信息，心情与你的不同呢？"我又问。

"当然有了！学科竞赛班的家长，因为之前参加竞赛耽误了学习，这下可以有时间补上了。他们是很开心的。"姐姐答道。

"哦，同样得到高考延迟的信息，每个人的心情会不同。引起你情绪变化的，并不是高考延迟这件事情，而是因为人的想法不同，是吗？"

"是的。可是我不一样，我巴不得他尽快考完，我就可以解放了。"

"哦，他考完了，你就可以解放了。如果一周之内就高考，你会有什么感觉呢？"我追问。

"明天就考也行，随他考得怎么样都行。"姐姐的语气有了点变化。

"哦，如果他发挥严重失常，考得很烂很烂，你的心情会怎么样？"我接着假设。

"那我会烦死去！"姐姐的回答也像她的性格一样直爽。

"那如果他考得特别好，考上了你们觉得最理想的学校，你会有什么感觉？"我忍住笑，一问再问。

"那我会高兴得飞起来！"姐姐笑了起来。

"好。如果他去那个很牛的学校，读了一个月回来告诉你，他不想读书了，要退学，你会怎么样呢？"这种事情在我们身边发生过，我很自然地想起来问她。

"那我会崩溃的！"姐姐的回答毫不迟疑。

"好，深深地吸一口气，缓缓地吐出……"我再次引导她关注自己的呼吸，"你情绪的遥控器抓在谁手里？你看到了吗？"

"抓在我儿子手里。"姐姐的声音冷静了下来。

"情绪的遥控器抓在谁手里比较好？"一问接一问。

"抓在我自己手里比较好。"姐姐回答的声音变小了。

"好，深深地吸一口气，缓缓地吐出……体会一下，情绪的遥控器抓在自己手里是什么感觉?"我继续问。

"那就像看电视一样，很自由，想怎么按就怎么按。"她回答得很顺溜，估计遥控器之争是家常便饭。

"我们都知道，父母的一言一行是孩子成长环境中最重要的模仿对象。如果你的孩子，进大学以后，遇到一个喜欢的女孩子，也像你一样，把情绪的遥控器交到别人手里，你会怎么想呢?"我慢条斯理地问。

"那不要！要拿到自己手里！"姐姐这次回答的声音很坚定。

"好，你现在知道那团乱麻的头子在哪里了吗?"姐姐是学过一些心理教练的基础课程的，电话里我没有继续跟她在理论上做更深入细致的探讨。

"哈哈哈哈……"姐姐笑起来也是那么爽朗，"知道了，我的问题解决了，你快吃饭吧。"

我一边吃饭一边想，这个极简版的观念确实能改善情绪。可如果想要长期保持情绪的平和，要学会时时对这"乱麻"保持警觉，时时梳理自己情绪背后的想法、信念和价值观。从接纳情绪到放下情绪，需要在思维上进行深度的剖析，要像抽丝剥笋一样层层递进，是一个长期的训练功课。授人以鱼，不如授人以渔，下次有机会，我再和姐姐深入地聊一聊这个话题。

英国心理学家约翰·布雷萧所著的《家庭会伤人》是我最喜欢的专业书籍之一，译者的文笔也非常好。让我跟随大师，再次温习一下：

> 情绪——行动之下的能量：
> 感觉情绪的能力让我们进入自我，情绪就是行动之下的能量，比如生气时的心跳和肌肉紧张，能够使我们准备好解决问题和面对遭遇威胁的情境。
> 若没有愤怒的能量，就无法维护自己的尊严和自我价值。
> 恐惧是辨别的能量，帮助我们衡量危机并且意识到危险所在，以便保护自己。
> 忧伤是道别及结束的能量，生命是一个不断说再见和完成生长循环的过程。
> 痛苦和忧伤给我们力量结束过去。成长需要一连串的死亡和新生，痛苦是一种具有治疗性的感觉，它是成长的必经之路。
> 罪恶感是形成良知的能量。让我们对事情有原则，并且使我们具

有内在的价值系统，指引行动的方向，决定把生命投入何项目标。没有这个能量，人就会麻木不仁而形成反社会的偏差人格。

羞愧是让我们认识自己限度的能量，羞愧允许我们犯错并且了解自己需要帮助，羞愧也是我们灵性的来源。

喜悦表示万事如意，即所有的需要都获得满足，个人也不断地成长，喜悦能产生新而无尽的能量。

每个人都有力量去渴望和欲求，这种能量即所谓的意志力。意志力是一种欲望的力量，能够提升而化为行动。我们的生命和所处的现实世界也取决于我们意志上的选择。

最后，我们有想象的能力，能够寻找一切新的可能性。倘若没有想象力，我们就会变成僵化、墨守成规的人。人类的想象力是创造新领域的力量，并且为世界带来革新和进步。没有想象力，就不会怀有希望。有希望，才会使我们相信事情有新的可能性。

情绪没有好坏之分，明白它背后的力量，我们的生活会更自由自在。

不痛就不动

经常会有家人和朋友来向我倾诉他们遇到的烦忧和痛苦,通常我都能够运用心理教练技术,让他们带着微笑和喜悦离开。看到他们擦干眼泪,鼓起勇气,再一次直面生活的考验,我心里由衷地欢喜。平心而论,我对他们都是一样的关心爱护,取得的心理沟通效果也都非常好,可是他们后来再遇到类似问题的处理能力和实际效果却相差巨大。我常常思考,同样的起点,同样的内容和方式,为什么每个人的收获如此不同?

《贫穷的本质》是一本民间公益组织写的书。他们在全世界各地做了大量的扶贫工作,然后总结了一些数据,希望让世界各国的领导人看看,怎么帮助世界上一些贫穷落后的地方脱贫致富。他们发现这世界上有三种人。第一种人,叫先知先觉者,他们一旦获得了某种信息,就会很快把这个信息变成行动,创造出不同的结果,改变自己的人生。经过大量的数字分析,这种人在人群里面,不足10%。也就是说,这10%的人是社会上的先知,他们能够把握社会上的很多机会,一定是先富起来的那拨人。第二种人,大约占30%,他们需要转变自己的信念,要完全相信,要彻底想通了,才会去做。如果他没办法想通,就永远不会迈出一步。所以,限制他们的并不是能力,也不是机会,而是大脑中的某个想法。这30%的人,可以通过接受教育改变信念,获得人生的财富,或者让人生过得更好。那剩下60%的人呢?他们不管怎么教育,都不会采取行动。这样的人,因为缺乏自律,会把自己的人生交给命运。而社会上大多数人都属于这个群体,如果没有人拿鞭子去敲打他,没有人去强制他,他就会随波逐流,或者在原地打转,这就是所谓的"圈层固化"。这好像是人类的一个规律,不管在任何地方、任何国家、任何群体,都有这样一组差不多的数据。

我的来访者,好像也有这样三种人。有的人,只要他一听到与他原来认知不同的信念，就能马上识别出哪个更好，破旧立新毫不迟疑。从他们给我的反馈来看，只要信念一变，行动立即改变，生活状态随之变化，让我非常欢喜赞叹。我发现他们能够把一个简单的理念推此及彼，广泛运用到生活中各个方面，也确实是朋友中拥有更多财富的人。像他们这样的聪明人，在《论语》中也有记载："子谓子贡曰：'女与回也孰愈？'对曰：'赐也何敢望回？回也闻一以知十，赐也闻一以知二。'子曰：'弗如也。吾与女弗如也。'"我虽常常自叹不如，但也因与他们交流而获益，因有陪伴他们成长的机会而得到提高。

第二种人也是有的，他们要把事情完全想通了才开始行动。在他们自己想明白之前，你说什么都如秋风过泥耳。不过千万别灰心，改变的希望总还是有的。比如我苦口婆心给小树提了几年意见，要他早睡早起，小心猝死。他嘴上有时说好，有时说什么失眠睡不着，行动上没有丝毫改变的迹象。今年 3 月，因为搬家很早起床累了一天，晚上还不到十一点眼睛就睁不开了，很自然就把以前昼伏夜出的"鼠"类生活方式调整到人类的正常状态。

第三种人，我花的心血最多，效果最不好。相伴十余年，他即使了解了很多很多知识，却几乎看不到改变的效果。我曾经对这一类人挺失望，自己也很受打击，觉得是因为我学艺不精，不能触碰到他的心灵。可是当我已经放弃的时候，我突然发现他也发生了一点可喜的变化！我问他为什么会改变，他很肯定地告诉我："因为痛苦！"我会心一笑，"不痛就不动"，回想我自己成长的过程，不也是因为痛苦而改变吗？

《贫穷的本质》根据获取信息之后行动力不同的特点把人进行分类，对不同种群采取不同的措施，最终促使所有人都能够发生改变。比方说：发现这个规律的慈善组织，他们为了消灭非洲人民的疟疾，想让他们都使用蚊帐。对于三种人，他们采用传播信息、教育培训和强制执行的三种方法，最终实现了目的。然后他们想改良当地的种子，同样也是针对不同的人使用这三种方法，最终也实现了目的。为了消灭艾滋病，他们想推广避孕套的使用习惯，但这种事情没有办法强制，因此艾滋病的防治依然是世界性难题。

在自然界，三种情况的分布比率是一种规律。你只要懂得了运用这种规律，你想要的结果，可以用不同的方法得到。我们每个人的内在信念，虽然无形无象，但也是自然的产物，其数量多得足可以视为一个群体，也会遵循自然界的规律。每一个内在信念的改变过程，都可能呈现三种不同的情况。一种是一听到就改变，第二种是完全听懂了才愿意改变，第三种是要用痛苦来鞭策和采取强制的手段才会改变。在儿子身上，我就观察到这种信念改变速度的不同。他从小不喜欢吃青菜，可是他的女朋友撒娇让他吃，他就养成了吃青菜的习惯，比我让他早睡早起改变的速度快得多。外在的强制手段用在我儿子身上是完全无效的，我在他的成长过程中和他斗智斗勇，已经品尝过无数次的失败。可他为了学习日语，给自己采取了强制措施，每周按时去见日语老师，每天回家练口语，写作业。我很惊讶地看到原来那个小学渣，成年以后变得这么勤奋和自觉。

在小树身上，我清晰地看到，不要急于把自己归类为哪一种人。了解自己行为背后的信念，找到自己学习和改变的正确方式更为重要。首先确定自己想要的是什么，然后找到好的方法去行动。再根据结果来调整，坚持采取最有效的措施，一定会让自己有机会拥抱梦寐以求的结果。这个过程，是不是很像戴明循环管理法（PDCA）的闭环管理？哈哈，根据三类行为的分布概率，企业的管理行为中有60%是需要强制和鞭策的，不妨借鉴管理学成熟的工具，让痛苦鞭策自己改变，找到合适的方式强制自己执行，增加行动力，去赢得想要的人生吧。

美，很重要

2018年8月初，兄弟单位高层领导来院调研，本部门领导临时有事，委托我出面接待。来的一男一女两位领导，男的干练沉稳，女的端庄美丽，层级更高的女领导给我印象非常深刻。她已经50多岁，穿着过膝的深酒红蕾丝裙，系着同色系的腰带，穿一双深红色的中跟尖头皮鞋，搭配一个做工考究、款式方正的小巧手包。她这么美好的形象，让我一面由衷赞叹，一面自惭形秽。

低头看看自己，早上出门时只图舒服，穿着皱巴巴的麻汗衫和宽松麻布裤，再配一双凉拖鞋，和逛菜市场的退休大妈没啥区别。特别是在去饭店陪她吃饭的路上，狭窄的电梯里面，我站在妆容精致、衣着典雅的她旁边，真是愧汗无地。我觉得自己这形象给她提鞋都不够格，更甭说代表啥企业形象了。

这是我第一次深刻认识到"美，很重要"。

2018年8月26日，在十点课堂看到王蓓大小姐的《提升衣品，12堂气质女人的速成穿搭课》，价格99元，我毫不犹豫买下来学习。没想到，这一笔小小的投资，成了我成年以来送给自己最好的生日礼物。王老师讲课的方式，我很喜欢；她通过穿衣打扮传递的思维方式，清晰明了；改变自己穿搭风格的方法简单易学，按课程的指导进行实践，效果显而易见，令我受益匪浅。

课件里有一面有趣的魔镜，还有一个各方面都普通的穿搭小白。穿搭小白妆容服装发型鞋子都不变，王大小姐的法宝一出手，她立马就变得又时尚又精致。同一套衣服，可职场办公，可休闲度假，也可以回归懒散不修边幅。这课程一下吸引了我，因为我很想知道，在现有的基础上，只做小小调整，就能大幅提升时尚感和精致度的秘诀是什么？我总是钱也花了很多，衣服也买了不少，长相也达到了普通人的水平，为啥就是不美？

我认认真真把课程看了两三遍，先找准自己的身材特点和形象定位，然后按照老师要求，清理衣柜，把不穿的、不合适的，先放一边；能穿的、可以搭配的找出来挂在一起。

清理之后，我发现衣柜里70%都是要淘汰的衣服。适合职场的衣服其实我也有一些，只是我平时不喜欢穿有职业感的尖头皮鞋，所以适合职场的衣服都只能沉睡在衣柜里。我以前买的衣服，虽然林林总总数量有很多，其实主要是一类——运动休闲类。裤子看上去有很多条，其实只有一条——牛仔裤，而且原来的牛仔裤大都是低腰或者平腰的，现在已经不适合我了。清理了衣柜，我没有严格按照老师的建议，去买品质好的品牌服饰，而是仍以我平时采购衣服的价格水平，买了一些以前从来不买的款式和颜色，按照课程推荐的经典搭配先补充职业女性必备单品。"双11"时，还淘了一些特别便宜的穿搭利器。

从2018年9月8日在天猫商城买入第一条米色西裤开始，这一年来，我的个人形象得到了很大提升。刚开始的那一段时间，每一天都会有不同年龄的同事，特意走过来赞美我的着装，甚至还会有同事追问我的衣服在哪里买的，表示也要去买一件同款。我这才发现，身边从来不缺发现美的眼睛，只有我自己对于形象美一直是个"睁眼瞎"。

经历过很多这样的赞美，极大提升了我的着装自信心。以前大树先生禁止我和同事去逛街，禁止我自己选购衣服。他怕我没有经过他把关，买的衣服都不合适、不好看，还浪费钱。现在，我的衣服全都是自己挑选搭配，他只负责笑着点赞。

工作中，我依然时常会有意料之外的重要会议、招聘面试、接待上级或者外单位调研。面对各方来访的职场精英，我不再担心自己会相形见绌，反而能够对自己的形象充满信心，坦然自若地展现自己的专业和能力。

在生活中，亲戚朋友和家人们都很喜欢我变美的样子，小女儿也会很愿意和我打扮成亲子装，一起美美的出门。我以前最不爱拍照，也从没有好看的生活照。现在有了两个愿意帮我拍照的义务摄影师，为了给我拍出美美的照片，他们主动帮我选景，不厌其烦地重拍，指挥我摆各种姿势，乐在其中。

唯一的遗憾是，我明白"美，很重要"这个道理有点晚，错过了那么多年的美好时光。以后，我要一直美美的，让美好装扮生活，把生活中的每一天，都活成艺术品。

花点时间创造美丽

枫姐今天一进办公室就看到我重新插的干花,眼睛顿时亮了:"这是你上次做的干花?"

我说是。

春天刚来的时候,我在小区电商团购群中下单买到一束红玫瑰。枫姐对它印象这么深,是因为它是我买过的鲜花中最大、最美、最香,花期也最长的一束花。它的每一朵花,盛开时几乎有成年人张开的手掌般大小;每一片舒展的花瓣,像高档丝绒一样流动着酒红色的光泽;我每次靠近它,都会沉醉于它清新甜美的香气之中。这束花的颜色是最经典的深红配墨绿,枫姐一向厌恶大红大绿的配色,可是当她看到这盛开的红玫瑰,一改初衷,要我下次团购时也给她买一束。一向只爱粉玫瑰戴安娜的冰玉赞叹道:"这玫瑰,生生把自己开成了牡丹。"

因为太喜欢,我舍不得等它凋谢以后丢掉,打算把它做成干花。在花最盛开时,我用绳子把它绑起来,挂在空调下面吹了一个月。干花不再鲜艳,也没有绽放时那么大,丝绒的光泽和香味也都消失了。我当时心里颇有些后悔,心想也许不如水养着让它完全绽放后自然凋谢,还可以多享受几天。干花被我随意插在座位旁边的空瓶里,每次看到它,总会想起它原来的美好。

后来我又收到了几枝粉色蔷薇,它那粉色花瓣的边缘是深红色,好像穿着花边裙子的小姑娘。因为天气闷热,这花只养了两天就垂头了。看到它们花形还很漂亮,我就把花直接从水里拎出来晾成干花,也随意插在瓶子的缝隙里。

昨天看到枫姐随手拨弄了一下同事佳佳插在花瓶里的相思梅和粉玫瑰,仅仅改变了组合方式,那几朵花看上去就漂亮了许多。于是,我也花了一点儿时间,把这束撇在一边已久、有点乱糟糟的干花,重新插了一下。我把原来晾干时绑在花梗上一直没有解的绳子解开,又把配花的水晶草做了一点穿插,双色花瓣的蔷薇也依据造型找到了最适宜的位置。重新插好的花儿,立刻呈现出一种美好的状态。我很满意地把它放在桌上,正准备拍个照嘚瑟一下,枫姐进来时刚好看到。

我的插花手艺能得到枫姐这个"美学家"的欣喜和赞赏,令我非常开心。拍照时我嘟囔着嫌花瓶太高,拍整体就没法体现花瓣的细节。枫姐告诉我,当这束花放在小茶几中间时,花、花瓶及花瓶上的丝带,让她好像看到了一个中世纪的欧洲美人,金字塔形的花束像美人的上半身,又长又高的花瓶,就像是美人的裙裾,暗金色丝带正是长裙上的蝴蝶结;即使是通过透明的瓶身看到花枝太短悬了空,恰似美人裙摆上的皱褶,也是极好的。在她看来,又长又大的透明花瓶与这束充满怀旧色彩的干花,形态与色彩都非常和谐。

对于意象美的理解,经她一番点拨,我也开了窍。我以前拍照,都喜欢原片。对于处理过的照片,总以为加了人工的成分,不够纯粹。今天突然发现,单就美而论,如果原片达不到加工之后的美感,那么原片再纯粹,也是低一等级的。天然又极致的美,最珍贵;退而求其次,加工到极致美,也是很难得;再其次,拥有原始美,也比没有好。

为了凑个九宫格发朋友圈,我又再拍摄另一束白玫瑰花。心里敞亮了,看花时也有了新的发现。杂乱的桌面背景衬托下,花束的天然颜色反而不如黑白灰色调效果好。用黑色显示屏背面做底色,白玫瑰显得更加纯净高洁。

鲜花美丽,精心搭配才会更美;干花也有独具特色的美,同样需要用心收拾。

回想起自己学习王蓓老师穿衣搭配的课程,令我的整体形象改变很大,我以前为什么不能以稳定的水准呈现想要的美好?王蓓老师说:"因为你不会搭呀!"我现在才明白,根本原因是我没有用心寻找美,也因为我对于美学规律的无知。美学规律是知识,可以通过学习掌握;美学感受是悟性,一定要花时间用心体会和练习。对于插花中的美、摄影中的美和穿衣打扮的美,并无二致,既要有知识,也要有悟性。

把花花好好收拾一下,花为知己者死;把自己好好打扮一下,女为悦己者容。

珍珠之道

很多年前，我曾经给外婆看过我在商店里买的淡水珍珠项链，本来想送给她，可她却根本不相信珍珠这么便宜，也不认为真正的珍珠是这种洁白的颜色。外婆是1928年出生在富裕人家的大小姐，她说真珍珠是淡淡的黄色。在我心中见多识广充满睿智的外婆，我相信她是见过真正的珍珠的。我看着手上这一串真实而且漂亮的淡水白珍珠项链，第一次对她说的话半信半疑。

2018年学习了王蓓老师的服饰搭配课程，我把兴趣和注意力放到她推荐的珍珠饰品上。以前只知道淡水珍珠的我，现在对于珍珠的六大品类逐步了解。学了珍珠发展史我才知道，外婆童年印象中真正的珍珠，应该是代表皇权和地位的天然珍珠，是历经数代的传家宝，同时也是"人老珠黄"的老珠，所以很可能已经没有了珍珠的光泽而变成了淡黄色。珍珠的佩戴和保养都很有讲究，使用不当会使珠光暗淡发黄，甚至是珠层剥落。1893年，有梦想的日本人御木本幸吉创造性地人工培育出世界上第一颗半球状珍珠，而完美的圆形珍珠又经历了12年的坚持，直到1905年才培育出来。他的创新成果，成功地改变了世界，也改变了自己和整个家庭的命运。要知道，在1612年，英国王室还为珍珠立法，使珍珠成为皇室专用珠宝。300年之后的1924年，日本皇室指定御木本幸吉创立的珍珠品牌MIKIMOTO为御用首饰店，他是改变历史的人。

人工养殖的珍珠，来到这个世界上还只有126年。我应该很庆幸自己出生在这个时代，即使是平民，也可以用自己的薪水购买漂亮的珍珠。如果是100年以前的妇女，可能只有贵族才有机会见到珍珠，就更不用说日常佩戴了。

通过万能的淘宝，我结识了几个珍珠店家，在各店都有一些收获。我的"珠宝档案"里详细记录了新收入首饰盒中的珍珠宝宝们，经过一番盘点，我拥有的珍珠首饰数量上让我很有满足感。尽管我投入自己七八年来持证的奖金换来的这些珍珠首饰，算不算得上珠宝还是个严重的问题。和土豪的装饰品相比，它们只算得上是小饰品，只是店家口中的"通勤款，戴着玩玩"。但是对我个人的美学成长过程而言，这些首饰已经比以前提高了很多档次，可以称之为"我的珠宝"了。

为什么选淘宝买珍珠？只是因为商店里的同类品质首饰，太贵啦，太贵啦，太贵啦。虽然也担心遇到假货，但仍然选择相信，众若恒沙的淘宝店家里，也会有我这样诚实可信的老实人，仍然选择相信自己会遇到有信仰的珠宝商。

那么珍珠之美、首饰之美，到底美在何处？以何为美？如何搭配使用珍珠首饰来创造我的美好？

珍珠和假珠，孰美？平时常见各种头饰、衣扣，都会有假珠做装饰，其实从款式设计来说，假珠也是美的。只是假珠和珍珠一比较，假珠没有珠光，又会日久脱皮，你只需一眼就知道，孰为美。

大珍珠和小珍珠，孰为美？大珍珠当然珍贵，但是又大又黑又没有光泽的大溪地，挂一大串在脖子上，您和鲁智深有啥区别？你只需想一想就明白，无论大小，珍珠必须具有美丽的光泽才美。镜面光，婴儿肌，常听淘宝主播用这些词语来形容珍珠之美。

圆的美，还是半圆的美？水滴美还是心形美？规则形状美还是野生形状美？这些形式，都是各有各的特点，需要找出与你自己脸型气质最合适的，符合你当下的年龄、心情、服装色彩和风格的，多一些款式，多一些选择。

Akoya美，还是澳白美？金珠美，还是黑珠美？答案依然是各有各的美好，各有各的天命。您是主人，由您选择。

珍珠胸花也是极好的，有个女强人专门写了一本书《读我的胸花》。我想买来看看，竟然要200多元一本，刷新了我的购书观。看了看书的简介，我才知道胸花原来可以传播那么多信息，蕴含那么多意义。我以前不喜欢首饰的鳄鱼和豹子图案，都是珠宝品牌经典款式，也可以花点时间去了解一下。起码与胸花族交流的时候，会有聊天的机缘和话题。

那么，各种珍珠在不同的商家，要为拥有它们支付金钱，这是用自己的劳动成果和他人的劳动成果进行交换的过程。以前不了解珍珠的生产过程，只觉得珍珠漂亮又好贵，而且没什么用，又不能吃，还容易坏，也容易弄丢，甚至还认为它们是不值得拥有的奢侈品。可是当你了解到，无论是哪一种珍珠，生产的过程中所凝聚的时间、汗水、机遇、生命以及环境的造就，你就会知道，你能拥有它，是多么幸运的事情。人工养殖海珠技术，发展到今天也不超过130年。"让每一个女人，都能戴得起珍珠"是御木本幸吉的梦想，难道不是你自己的梦想？

只要你看到自己佩戴适宜的珍珠首饰的样子，你就会发现，珍珠首饰给你带来的是美。戴一串阿古屋串珠，你的颈项和锁骨位置的皮肤因为珠光的映衬，顿时显得更加细嫩；你涂着粉色指甲油的小手，因为戴了一只镶嵌珍珠和钻石的手链，富贵与精致程度立马上升。

美值得你花多少钱呢？各人评价不同，各人经济实力也不同。可我从来没有发现过不爱美的人，即使是固执僵硬的偏执狂，也会有他自己的审美。真善美是人性本质的追求。珍珠这么美，到底花多少钱才合适呢？珠光好的首饰，一定会很贵吧？你知道吗？世界上从没有一颗完美的珍珠，正如同没有完美的人。珍珠是自然的产物，如果你能够接受多一点瑕疵，那么，有很多机会可以用合适的价格买入珠光上好的首饰，佩戴效果几乎是完全一样的。你能够接纳有瑕疵的珍珠首饰吗？还是为了追求相对的完美愿意支付天价？又或者为了不存在的完美而宁缺毋滥？

珠农为什么要去养珍珠呢？8年时间的付出只能收获50%左右的可用珠，2%~5%的珠宝级产出率，年复一年的重复劳作，离世隔绝的孤独，遇上天灾颗粒无收的风险，为什么选择当一个珠农？

"今年我们收获了60%，明年会不会更多？"法属塔希提的珍珠世家供应商笑着说。

养珍珠是因为希望，也是为了收获希望时的惊喜。无论你相信或者不相信，概率是存在的。无论有多少人反对你，成功的可能性是有的。

只有相信它，你才有可能拥有它。这是大自然用它的语言告诉我的"珍珠之道"。

那我为什么要用注册咨询师的持证奖金来买这些首饰呢？

因为我觉得，奖金是对我努力奔跑的奖励。因为我8年前愿意承担本职工作之外的责任，获得了这份奖励。如果奖金用在别处，我也许会忘记自己曾经那么努力过。我要把它们佩戴在身上，增添我的美，也增添我的信心，鼓励自己要继续奔跑。用8年时间，孕育珍珠之美，50%的收获，2%~5%的惊喜甚至狂喜，与得过且过辜负生命相比较，我选择在有风的日子起舞。

珍珠虽美，却不是耐用品，值得好好珍惜。韶光易逝，每个人都只有百年，拥有智慧要快一点。今后，我会用金钱创造更多美好，对我的创造物的美好表达无限的赞赏和奖励。

由知识到智慧

为什么有的人读书很多，却没有建树呢？做事创业只能人云亦云，为人处世也乏善可陈，我以为其原因之一在于书读得不得法。这世间的知识无穷无尽，"吾生也有涯，而知也无涯。以有涯随无涯，殆已！"知识大爆炸的时代，想清楚两个问题：学什么？怎么学？有利于习得正确的读书之法。

回顾自我学习之路，也是从完全不得法开始，既不知道要学什么，也不知道要如何学。青年时代我的思维单纯而盲目，天真幼稚，情绪很容易冲动。人在企业，为了干好本职工作，我学习经济学、企业管理和公文写作等知识和技能，却觉得自己只是企业里面小小一个办事员，连中级职称也不让申报，学了这些也无用。如果学习经济管理是为了创业当老板，又担心创业会让自己穿上"红舞鞋"，要为企业操一辈子的心，至死方休。后来学习人力资源管理这门学科，对系统规划、岗位设置、薪酬与绩效管理等 HR 专业知识有一些初步了解，却发现当时的老牌国有企业根本不用人力资源管理，只需要背诵和执行国家政策就足够应付工作，越学越觉得没意思。

找不到职业发展方向和希望，我在办公室闲得无聊，连报纸夹缝中的广告都会看完。报纸上一个关于自我学习的理论让我有所领悟，它说要建立"T"字形知识体系，"一"横代表广度，"l"竖代表深度。两者的结合，让人既有较深的专业知识，又有广博的知识面，这类集深与博于一身的人才，是复合型人才，做专业要有深度，做管理要有广度。如果一个人知识的广度足够，也会取得不亚于同等专业深度所能达到的成就。在这种思想的影响下，在不知道该学什么的时候，我决定扩大自己的知识面，什么都去了解一点。

当我把注意力转移到家庭，怀着好奇心去了解生活中遇到的各种问题背后的解决方案和知识体系，很自然用上了知行结合的学习方式。为了改善财务状况，我花了五年时间专注地学习金融市场和选股知识，对自己的股票操作每天复盘，不断总结失败的经验，渐渐领悟到股市的胜利从根本上讲是对于人性弱点的胜利。学习宏观经济、财务知识、企业发展周期，对于企业家精神也有了一些体会。在生活中观察，觉得自己很难遇到一个常青树型的企业家，对自己的职业前途更加没有信心。总是会担忧企业的小船说翻就翻，希望自己能有一技之长作为立身之本。

是不是选择金融专业为未来方向？刚开始进入股市，以为做操盘手太舒服了：所有的节假日、休息日都可以休息，每天只要工作4个小时。深入了解之后才知道职业投资人光鲜亮丽的高收入背后是高学历、高智商、高投入和持续不断的自我改进。吃金融这碗饭太难了，我纵容自己的惰性，满足于用家庭主妇的简单方式赚点钱。

2008年公公去世，人生第一次面对亲人离去的哀伤。紧接着自己突然生病住院，因为失血过多，几乎半年时间都无法集中精神，不能阅读和思考，深深体会到贫血对身体造成的无力感。姨妈曾因为高血压引发眼底出血，造成一只眼睛几乎失明；外婆也因为高血压几次中风晕倒，以致生命的最后八年缠绵病榻。我很害怕自己将来也会成为她们一样的病人，就买了很多中西方营养学、中医和养生与健康类的科普读物来研读，活得像个快退休的老人家。我了解到高血压这种慢性病有40%的遗传倾向，而人的身体健康深受情绪的影响，易患高血压的人大多有性急、爱较真的性格特点。"上士养心，中士养气，下士养身"的传统文化理念，让我领悟吃什么并不重要，遵循自然的规律进行作息，管理好自己的情绪，开启自己的智慧才能保持健康。古话说：不为良相则为良医，从医也是挺好的职业方向。可我尽管经历疾病之痛和中医养生之效，并没有发现自己有多想成为一名中医，只满足于自己的问题自己治，家人的问题翻翻书，别人的问题管不着。

在身体出问题的同时，我发现自己教育孩子时也遇到了很大的困惑，又陆续花了五年时间来学习教育学。首先读尹健莉、李跃儿、孙瑞雪等老师们的作品，接着读老师们读的蒙台梭利、苏霍姆林斯基等大师的作品，喜欢一个作者，就会把他的书都找来看。在大师们的教诲中，深深领悟到育人就是育己。自己觉得对教育理念有了一定基础，却仍然不能以良好的情绪面对青春期儿子的特立独行。

追寻着教育学背后的学问，我接触到心理学。通过考心理咨询师和学习心理教练技术、家庭系统排列、NLP，循着心理学的经典和实践课程，尝试解决自己的情绪问题。教育学和心理学都是哲学基础上的分支，我又读梁漱溟《朝话》、朱光潜《谈美》和乔斯坦·贾德的哲学史入门著作《苏菲的世界》等名家作品，初步感受到哲学的思想之美，开始思考"我是谁""我从哪里来""要到哪里去"经典哲学三问。

哲学，来自希腊语，把"索菲亚""费勒亚"两个词汇结合在一起，成为"Philosophy"，一个词是"爱"和"追求"的意思，另一个词是"智慧"。在古希腊，智慧之学是比知识之学更高级的东西，只有贵族才有资格学习。知识之学研究事物是什么，智慧之学则研究事物为什么是这样。

罗素在他的《西方哲学史》中指出："哲学，乃是介乎神学与科学之间的东西。它和神学一样，包含着人类对于那些迄今仍为确切的知识所不能肯定的事物的思考。但是它又像科学一样是诉之于人类的理性而不是诉之于权威的，不论是传统的权威还是启示的权威。一切确切的知识都属于科学，一切涉及超乎确切知识之外的教条都属于神学。"哲学是这样一门学科，它对任何被称为绝对真理的东西，永远都高昂着自己不屈服的头颅。对哲学来说，没有什么是绝对的真理，这是哲学的悖论。越学越不明白的哲学思考，让我养成了一种批判精神和怀疑意识，从此不再盲听盲从。"实践是检验真理的唯一标准"，任何理论都要不断接受实践的检验。

朋友推荐我读韩博主编的《王阳明心学笔记》，接触到心外无物的中国圣贤之学。王阳明说："始知圣人之道，吾性自足，向之求理于事物者误也。"王阳明精通儒家、道家、佛家，是明代著名的思想家、哲学家、书法家兼军事家、教育家。他反对通过事事物物追求"至理"的"格物致知"方法，因为事理无穷无尽，格之则未免烦累，故提倡"致良知"，最终悟出存善去恶、致良知、知行合一的心学精髓。在知与行的关系上，心学强调要知，更要行，知必然要表现为行，不行则不能算真知。在这个意义上，中华心学其实也是对人行为的指导。

学什么更重要？是为了赚大钱去学习一门专业知识或者技能，还是为了让人生更幸福而学习呢？我这十多年的学习，有明确的目标牵引，选择的书籍多半是名家之作，学到的知识用于指导生活，知行结合让自己内在的思维方式发生了很大变化。我看到所有知识的学习和运用，都要通过人的行为来实现；所有学问的背后都指向人本身，指向人的思维对于自我的了解和进化。

知道了要学什么，又有好的学习方法会让自己事半功倍。

听管理学博士施炜老师的线上课程，我收获到不少学习方法。比如选择感兴趣的专业读50本经典图书，成就一名小专家，大专家看200本最经典的文献就够了。比如围绕一个主题构建读书学习体系，多讲多写，看完一本书，讲一遍、写一遍就真的懂了。比如要带着现阶段特定要解决的问题来学习，知行结合，把学习成果运用到实践中去。又比如要学会看山后面的山，追根溯源建立自己的多阶知识体系。做人力资源工作需要了解的知识系统有经济学、社会学、人类学、心理学和哲学等门类的学科。

通过心理学的学习，我了解到东尼·博赞发明的高效学习方法，他说想要取得良好的学习效果，最首要的因素是要保持平静的心情和良好的情绪。小时候家里管得很严，我的个性中有些沉默、拘谨、内向和敏感，不擅也不喜欢与人交往。10多年办公室文秘和团委、工会的工作，让我有机会接触到很多人，性格渐渐开朗，但给人的第一印象仍然高冷。我觉得自己像个热水瓶，里面装的是开水，外面包了一层冷冷硬硬的壳，习性上拒人于千里之外，没有可触摸的温度。

真正改变我人生的困惑，解决情绪问题，实现智慧的开启是在心理教练的课程中。心理教练的"观念"技术，让我深入地了解情绪背后限制性信念和毒性教条对生命力的桎梏。在课堂上细心地观察陪伴我们学习的心理教练义工们的生活方式，让我看到与人为善的快乐与满足，不由心生向往。

朝闻道,夕死可矣

2020年初,"新冠肺炎"突袭武汉,政府为了控制疫情,公布了应急管理条例,要求大家注意防护,不要随意出门。这个生活方式的改变,也给身边的人带来了些许不适——"太无聊了!"不用上班,也不能出门,闲下来的时间不知道该干什么。平时工作忙时最想做的事情就是吃睡玩。玩可以刷手机、打游戏、追剧和逛街、旅行(所谓旅行其实主要目的是换个地方"逛吃、逛吃")。现在逛吃是不行了,前面"宅三样"连续玩20多天,每天玩十几二十个小时,收获的恐怕不只是快乐,还有精神疲劳和肌肉酸痛。

由于不能去饭店吃饭,也不能点外卖,朋友们纷纷在家操练厨艺。这一群能干的南方人,有的做肉丸子,有的做拌面,有的研究饺子、包子,有的连五彩面口罩都研究出来了,充满了生活乐趣。可是除了填饱肚子和换着花样填饱肚子,我们还能做点什么?

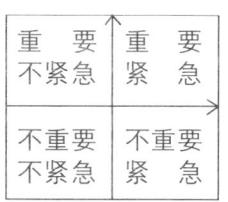

按照管理学的思路,人的一生中会遇到四个类别的事情,可以分为四个象限(见左图):

人们平时忙忙碌碌,忙的时候时间多半花在"紧急不重要"的事情上面,闲的时候在"不重要不紧急"的事情上花时间,对于"重要而不紧急"的事情,往往没有时间安排,直到把这样的事情拖延成"重要而紧急"的事情,才会着急上火,不知所措。

在疫情面前,利用空闲的时间来想一想人生中最重大的课题怎么样呢?全国各地的人们都在为医护人员英勇赶赴一线参加抗疫救人而感动,也看到医护人员也是人,也会害怕。他们有的只是职责所在的勇气,铭记誓言的担当,舍生忘死是要为众人赢得一方平安。那么,也许你是公司的一名员工,或者你是承担社会责任的公职人员,你该如何对待自己的职责呢?你的职责在你心里面是否高于你自己的个人利益,甚至高于你的生命?或者再想一想死亡对你来说意味着什么?假如明天死亡来临,回顾这一生,你最想做的事情是什么?最值得骄傲的事情是什么?最遗憾的事情是什么?

曾经在"芝麻开门吧"的沙龙里做过"生命里最后 24 小时"的心理小游戏,参加游戏的小伙伴们各有各的想法,但是有一个共同点,那就是想要放下自己日常的工作,希望有家人的陪伴,能够和自己静静地待在一起,回忆一生的美好时光。现在响应国家的号召,放下日常工作陪伴家人就是为国家做贡献,那么请静静地思考一下,假如今天是生命中的最后 24 小时,你会做点什么?也许你眼下还想不明白,不妨看看大教育家孔子的答案。

"朝闻道,夕死可矣"(《论语·里仁》)是人们非常熟悉的一句话。这里的"道"不是一般的"道理""事理",而是特指儒家的"仁义之道",是儒家人生的最高追求。懂得了仁义的道理,就应该用自己的一生去实践它,有时为了捍卫它,甚至不惜牺牲自己的生命。这是孔子的道德价值观,也是"朝闻道,夕死可矣"一句话所包含的深刻内涵。

"仁"作为儒家最高的政治理想,在孔子看来能够达到"仁"的境界的都是古之圣贤:文王、比干、管仲。这些人的行为都关乎天下国家大计,关乎人民的生活疾苦。他评价一个人是否"仁"是非常看重其政治功绩的。但是,"仁"作为一种道德修养,根据人的天赋与职责不同,能够达到的境界是可以有高低区分的。颜渊问仁,子曰:"克己复礼为仁。一日克己复礼,天下归仁焉。为仁由己,而由人乎哉?"颜渊曰:"请问其目。"子曰:"非礼勿视,非礼勿听,非礼勿言,非礼勿动。"颜渊曰:"回虽不敏,请事斯语矣。"这段话是孔子教他最喜欢的学生颜渊如何达到仁的境界,颜渊回答说:"我虽然不聪明,愿意按照先生的话去做。"孔子说的"克己复礼为仁"和"为仁由己"指出只要努力约束自己,使自己的行为符合道德要求,经由自己的努力就可以达到"仁"的境界。个人的道德修养本身是一个由低到高不断提高的过程,这个过程没有止境。我们每个普通人可能达不到兼济天下的境界,但是都可以通过自觉地加强自身修养,提高岗位责任心,一步步向着最高境界靠拢。不追求比别人更好,只要求比自己的昨天好一点点。

"朝闻道,夕死可矣"强调"仁",也强调牺牲精神。一个人有志于"仁",他就会终身实践,毫无怨恨,毫无遗憾。"志士仁人,无求生以害仁,有杀身以成仁。"(《论语·卫灵公》)这就是把"仁"看作最高的道德修养,且高置于生死之上。孟子发展了孔子的思想:"生,亦我所欲也;义,亦我所欲也。二者不可得兼,舍生而取义也。"(《孟子·告子上》)"义"是"合理的事、应该做的事"。"舍生取义"就是为了正义事业,为了他人利益、全民利益、国家社会的利益而不惜牺牲自己的生命。"仁"是人的内在本质,"义"是人的外在的行为,二者是统一的。知道了仁义的道理,就要终身实践它,甚至于为此牺牲生命,也在所不辞,无怨无悔。

如果你知道了自己最后 24 小时最想做的事情,你可以从今天、从现在就开始做。这样假如明天意外真的来临,你也许会少一点遗憾。

关于改变自己的箴言

最爱和家人一起沿着滨江公园的绿道散步,缓缓行,慢慢聊。仰头望高高的石榴树,枝条上隔三岔五的花苞已膨成赤色小珠,开得早的石榴花已露出了红色的裙裾。姐妹们是我成长之路的见证者,也是陪伴我一路行来的好朋友。"石榴裙裾蛱蝶飞,见人不语颦蛾眉。"她们亲眼看到我如何从一个懵懂叛逆的孩童,变成羞涩粗糙的青年,再变成现在有点女人味的样子。

刻在威斯敏斯特大教堂的关于改变自己的箴言,是我最喜欢的一段文字。

当我年轻的时候,我的想象力从没有受过限制,我梦想改变这个世界。

当我成熟以后,我发现我不能够改变这个世界,我将目光缩短了些,决定只改变我的国家。

当我进入暮年以后,我发现我不能够改变我的国家。

我的最后愿望仅仅是改变一下我的家庭,但是,这也不可能。

当我现在躺在床上,行将就木时,我突然意识到。

如果一开始我仅仅去改变自己,然后作为一个榜样,我可能改变我的家庭。

在家人的帮助和鼓励下,我可能为国家做一些事情。

然而,谁知道呢?我甚至可能改变这个世界!真的,要想撬起世界,它的最佳支点不是整个地球,不是一个国家、一个民族,也不是别人。它的最佳支点只能是自己的心灵。

我由衷地喜欢这段文字,它成为我每一天开始和结束时,对自己的祝福。每个人只要肯付出努力改变自己,果实不论丰歉,都是心血与汗水凝成。

第六辑
女人就要拼得了职场，上得了战场

万年青

春节时买了一把弯头的万年青,一直用水养着。透明的高瓶,翠绿的万年青,手指粗细,下直上弯,清秀挺拔,显得别有意趣。寒冬腊月的时候,拥有这样一把青翠,让人心情也为之振奋。

转眼已快到中秋,万年青得了春夏阳光的滋养,弯头上萌发了好多新枝。长的长、短的短,像小毛头孩子刚洗完澡又急忙吹干的头发,篷篷地支棱着,透着新生命的喜悦。只是因为不整齐,显得和家里的装饰风格有些不太协调。酷爱整洁的先生要我掰下几根长得高且壮的,另找一个小玻璃瓶养着。我找了一个造型别致的饮料瓶来插万年青的新芽,它被先生安置在餐厅的隔板上,每天都能看到。

养在小瓶里的这几枝万年青新芽,两三周之后,每一枝都在和母体分离的断口处,长出了根!透过瓶子可以看到,新根像纤纤的玉指一样修长、舒展,虽然还很短,却透着一股子坚定的力量,不断向前开发着"领域"。似乎在说:我一定要努力成长,才能供给上面的枝叶足够的营养!

我想,这长出根的地方,本来只是做着输送母体养料的管道,被我生生地掰断,想必也是十分痛苦的吧?开发疆域,采集养分,本来不是它的任务,是什么使它改变?是环境的变化,还是自身的成长密码?也许兼而有之?是不是大自然母亲曾经悄悄地告诉它,如果环境发生改变,你就要努力改变自己,适应环境,赢得生机!

联想到近来公司机构大调整,很多同事的岗位都发生了变化,有的甚至要放下熟悉的工作去一个完全陌生的岗位。这其中的不适应和痛苦感,也许比被折断的万年青更甚。但是,万年青新芽长出根之后,它就成了一枝独立的万年青,不再依附母枝,赢得生命的同时,也拥有了自由的意志。

万年青告诉我,我也可以像它一样生活!变化的是环境,不变的是追求快乐生活的信念。经历了分离的痛苦之后,改变自己,努力扎根下去,迎接下一个春天!

升职

　　一早看到新闻,月薪过万的长沙伢子网络直播自杀。2011 年 11 月 1 日,邹某发帖称:"我初中未毕业,月薪上万不容易,工资高了,心更迷茫了。"

　　以世俗眼光追逐的焦点为目标,会得到羡慕的眼光;以内心力量驱使的方向为目标,会得到心灵的安宁。

　　公司领导说,管理层一致同意给我一个中层干部职位,听说得来殊为不易。我理解这个职位的含义是:你很努力,所以给一个职位以示认可。在任职前谈话的时候,公司党委书记向我转述了很多他人的赞美,我却完全高兴不起来。因为我觉得他真正的心里话是:"我其实不太了解你。"因为我在办公室工作几年都从没有去过大领导办公室,他确实是没有什么机会了解我的。

　　任职公布以后,我只是觉得很平静,没有什么期待已久、梦想成真的欣喜。为什么?我想,也许我内心并不是十分在意这个任职吧,自己之前对职业的规划还是有一个很好的设想。所以,得之固然我幸,而不得,我也不会荒废时光。职场不是人生的全部,却占据了人生最黄金的时光,也是人生的重要组成部分。我很意外自己获得了一个提升的机会,甚至一度觉得可能是个施舍。但是,我还是把它看成一个进步吧,毕竟还是加了工资的。

　　突然发现升职是一个观察众生的好机会。有的同事平时不怎么交往,现在对我变得很热情。有的同事平时关系很友好的,也分成了更热情、保持原状、有点疏远三种。默默地看,默默地在心里想,我想我知道什么是最珍贵的。

　　最有趣的是父亲的反应。快到中秋节,我去看望父母,带去了月饼和"毛爷爷"。父亲一直陪我们聊天,说着不相干的话。等到妈妈回来,我和大树跟妈妈打过招呼,商量了一下过节要回家吃饭的事情,就准备起身回家。出门的时候,父亲急忙追着我们一起出来。在门口,他笑着对我说:"别人告诉我,你女儿提干了啊，人力资源部副主任！是叫周岚的吧！"我和大树听了都"哈哈"笑起来。我告诉父亲，我的职位是公司办副主任。父亲连忙又叮嘱我，一定要周全做事、细心做人。我很感谢父亲在我工作之初对我的教诲，如果没有他的正确引导，我也许不会给同事们留下那样正面的印象吧。父母的为人，其实一直是我的榜样，诚实、正直、热情助人、精于技艺，这是我一生的财富。

因为职位的变化而突然"暴增"的褒奖，让我颇有些不知所措。如果只是职位升迁这件事情给了朋友们一个表扬我的机会，那倒还是可以理解，希望自己不要长期浸润于听不到砥砺之言的氛围里。痛苦使人清醒冷静，赞誉使人麻痹大意，我更喜欢独自待在一个安静的角落里，冷静客观地做我自己。

职位的变化，姑且看作是领导和同事们对我职业能力的肯定吧。俗话说虾有虾道，蟹有蟹道，能在职场混个露脸，说明现在的我，懂得运用一些职场规则，或者更准确地说是掌握职场游戏规则的人，接纳了我。人生还有更重要的主题，追求目标不同，收获也就不同。物质的追求总有尽头，心灵的成长永无止境。"做一个好人"，这个30岁时定下的目标，值得我一生践行。这个目标也不会成为稀缺资源，不至于使人焦虑、压抑。

追逐世俗的目标，却想求得心灵的安宁，其实是南辕北辙。可惜千千万万的人，似乎都是这样做的。从人一生下来，就知道物质的满足可以带来舒服和快乐的感觉，所以人类迷失在童年里。未成长的孩子，只知道满足口腹之欲，追求身体的舒适和完美，却未必会知道心灵的愉悦不仅是物欲的满足，更是因为有父母温柔的关爱和呵护。可惜我们往往只能看到有形态的物质，却看不到爱的流动，有时甚至会以为眼睛看不到的爱是不存在的。有的人甚至会因为从未曾得到过真正的爱，而以为自己不需要爱！公司给我升职，是在表达它对我的爱吗，还是给了我一个向它表达爱的机会？

天生我材必有用

又是一个艳阳天,大树一大早就喊我看那明晃晃照到阳台护栏上金灿灿的阳光。他说:"你看,一大早就这么热,昨天的天气多好!""9494(就是就是)。"我一边埋头喝粥,一边想起昨天在黑麋峰的见闻。

"两个在长沙生活了四十多年的本地人,居然都没有到过黑麋峰!"昨天上山的时候,我和大树与黑麋峰相见恨晚,共同发出了这样的感叹。入山门票28元,相比"世界之窗"等人造景点,票价算是很便宜了。开车沿着盘山公路在树林里穿行,我发现这座离长沙市区仅20公里距离的山林公园真是让人非常欢喜。

森林公园总面积为4000多公顷,主峰海拔接近600米,站在主峰顶上的气象雷达站,可以真正实现360度全方位观赏山景。1500亩蓄能水库位于主峰的山顶附近,粼粼的水波,泛着天空一般的纯净蓝色,让人一见就挪不开脚步。小树拿出手机,从不同的高度拍摄了好多个湖面的全景。大树把车停在湖边,我们一路拾级而上,去探索更高处的风景。石阶两边的植物品种非常丰富,山茶、香樟、银杏、松、柏都不时看见,最多的是竹。同样是竹海,这里的竹看上去与井冈山的竹很不相同。这里的竹叶纤细而秀美,显得嫩生生的,有点像是园林绿化中常用的凤尾竹。进得山里,细看竹竿,却又跟井冈山的竹林一样,毫不含糊地高大粗壮,笔直冲天,生机勃勃。

儿子说:"我最喜欢竹子了。"我听他这么说很开心。竹有七德:竹身形挺直,宁折不弯,是曰正直;竹虽有竹节,却不止步,是曰奋进;竹外直中空,襟怀若谷,是曰虚怀;竹有花不开,素面朝天,是曰质朴;竹超然独立,顶天立地,是曰卓尔;竹虽曰卓尔,却不似松,是曰善群;竹载文传世,任劳任怨,是曰担当。在中国传统文化里,竹是君子的化身,又代表着坚持、高雅、纯洁等美好的品质。孩子正值世界观形成的时期,他喜欢竹,这反映出他的心灵是多么美好。

我们走走停停,欣赏了"佛字石""黑麋神木""参禅悟道碑"等几个景点,一直攀上了位于顶峰的黑麋古刹。有碑文记载,这座古寺始建于唐代,此山遂成为长沙地区四大佛教名山之一,山顶"洞阳古刹"香火不绝,声名远播。庙宇的外围正在修缮之中。我们进得寺庙参观,庙门里面却是非常安静。寺庙前后一共三进,最里面的是佛堂。殿门的石砖和门楼,古意苍然,一望便知是经历过几百年风雨的洗刷。

历史记载,黑麋峰久以人文鼎盛著称,唐代高僧及书法家怀素、明正德皇帝朱厚照曾游历黑麋峰,至今墨迹犹存。唐朝大诗人刘长卿尝入山寻幽访胜,有诗纪行。想到古人在那个消息闭塞的年代,不远万里,不辞舟车劳顿,跋山涉水而来,只为一览胜境,心里对古人真是佩服得紧。我家离这里如此之近,开车只有一小时车程,40多年来却只知守着自己方圆不过十里地的小小一隅,全然不知身边竟有如此的洞天福地。据传八仙之一吕洞宾曾入山修道,至今山上仍有"寿"字石刻、洞宾崖等十多处吕仙遗迹,故道家称此山为"洞阳山",列入"三十六洞天福地"之二十四洞天。"读万卷书不如行万里路,行万里路不如高人指路"。我们要是早些跟随古圣先贤的足迹,不是早就可以享受如此的美景?

"黑麋神木"也给我留下了深刻的印象,不得不记下一笔。初看它真是很不起眼,差点儿被我错过了。它立在接近峰顶的石阶旁边,和普通的矮树站在一起,没觉得有什么不同。可是这棵树旁却立着石碑,铭记着它"黑麋神木"的尊称与光荣。我再仔细看,发现这松树的树干粗壮得与它的个头都有些不相称。若是在背风之处,这样粗的树干,少说也能长个一二十米高了。可它历经几百年,也只长了二三米高。一般松树的树干上特有的无规律的花纹,在它身上却排列整齐划一,让人感觉它好像是一位穿着笔挺的军装,挺胸昂首,站得笔直的军人。它粗壮的枝干很对称地向两边横着伸展,如同一名英勇的卫士,把峡谷里的山风挡在身后;又像是一位贴心的旅伴,生怕你不小心跌下山崖,张开双臂站在悬崖边守护着你。

我看过南岳衡山、中岳嵩山、西岳华山的松林,也看过"秀冠五岳"的黄山迎客松,各地名松都以"高、直、奇、秀"夺人眼球。而这"黑麋神木",第一眼看去,短而壮,粗且直,既没有黄山松的婀娜多姿,也不似马尾松的挺拔俊秀，更不似金钱松的富贵荣华。它的个头在松树里面，真是太渺小。可是越仔细看，越觉得它了不起。它个子不高，敦厚朴实，因而我们无须仰视；它离我们很近，伸手可触，因而更觉温柔亲切；它在山峰顶端，迎风伫立，一心为你遮风挡雨，一生让人放心依靠。我很喜悦于小树爱竹，希望他能拥有竹子的气节；而我自己却更爱这棵松，爱这敦实、质朴、立在悬崖风口数百年，一心守护众生的松树。竹如君子，松是伟丈夫，各有各的风姿。

国学群里曾有人问："有谁是真正的认认真真地生活？请问有多少人真正懂得欣赏自己的工作？知道自己在生活中想要的是什么？敢于追求自己想要的成果？"几个问号像箭一样射进我心里。子曰："三十而立，四十而不惑，五十而知天命。"那么我知道自己真正想要的是什么吗？我敢于追求自己想要的吗？我真正认真地工作吗？我真正欣赏自己的工作吗？虽然我已经工作了快二十年，却还不能领会工作的意义，也不能真正欣赏自己的工作。

我选择认真地工作，只是因为工作是我生活中最重要的一部分。人一生中的黄金时段都要用来工作，每天面对同事的时间，比面对家人的时间更长。我相信"天生我材必有用"，工作一天，就要尽到一天的责任，无论是竹还是松，总能发挥自己的作用。什么时候，我才能找到工作的意义，找到自己热爱的工作呢？

站在高处

一天傍晚，我们与家人、朋友携家带口，有老有小一行共计20余人，又上黑糜峰。上山之前，我分别与黑糜峰湘泉饭店和气象宾馆的老板电话联系得知森林公园正门的道路正在修理，我们要从侧门进山。宾馆床位紧张，每家只分得一个双人间，老板建议我们从山下带帐篷露营。虽然我没有给两位老板一分钱定金，老板却很信任我，为我们准备了晚餐和房间。

当我们晚上7点多到达饭店时，里面有一大群年轻人在喝酒。孩子的游记里真实地记录了这个情景："这次，并没有感受到大自然的宁静，饭店里的人，大声喧哗，一桌子菜也不吃，只是在无休止地喝酒。没有任何正常人的特征，仿佛，那些人，都是疯子，完全活在自己的世界中，这样好像很热闹，其实，他们很孤独。我想，只有很久没有这么多人聚在一起，才会这么疯，才会做出疯狂的举动。饭菜不吃浪费，这会受到宇宙的指责。"

我被吵得实在受不了，离开餐桌坐到外面。饭店的女主人也在店门外的走廊里择新鲜的黄花，她告诉我："这群人从下午就在这里喝酒，喝了好久了，喝掉了几箱啤酒、饮料还有白酒。他们还烤了一只羊在湖边上，要晚上9点钟过去吃……"听了女主人的抱怨，我忍不住笑了。大山里的清静被这群人打破，确实让人不爽。

晚餐后，我们匆匆离开饭店，男人们继续开车，带着大家来到山顶的气象宾馆。开好房间，安顿下老人、孩子和孕妇，男人们和青年来到宾馆的前坪支起帐篷。搭帐篷其实很简单。把装帐篷的包裹一打开，帐篷就被风吹得鼓了起来。三个人一组，拉着帐篷的几个角，找到帐篷顶之后，把支帐篷的杆子十字交叉穿进对应的地方就可以了。我们一会儿就搭好了4个帐篷，半大的孩子们坐在帐篷里玩，还把马灯挂在帐篷里面。这时，一顶顶帐篷呈现出透明的蓝色、黄色、绿色,像节日的灯笼一样好看。这是我平生第一次搭帐篷,第一次在长沙最高的地方看星空。

夜色渐深,东边的暗夜中似乎有云层翻滚,不时听见雷声轰鸣,循声望去,只见东边的夜空一片黑沉沉。几分钟后,突然看到那边电光闪耀,天空的云层变得清晰可见,乌云层叠中透出的白色闪电,照得乌云也变成橘红色,好像晚霞一般灿烂。而我们头顶的这片星空,仍然沉静寂寥,那些掀起惊涛骇浪的电闪雷鸣,只是整个夜幕上演的小小插曲。我一生从未见过如此奇景。原来,我们被电闪雷鸣吓得躲在被子里哆嗦的无数个暗夜里,天空依然如此安详宁静。我以前之所以不知道,只是因为我从没有像今天这样,站在高处。

风越来越大,我躺在朋友带去的地毯上充分享受这山里的凉爽,不舍得进房间休息。3岁的小妞儿跟她爸爸在帐篷里玩了一阵,又出来和我一起坐在地毯上跟我聊天。地毯没有固定,不时被大风吹得立起来,把我们俩像春卷馅一样裹在里面。风来时,我静静地让我们俩被地毯裹住,等风一过,我又从容地把毯子压回原处。小妞儿看到我这样反复几次,哈哈大笑起来,非常期待下一阵风的来临。这个小小的女孩,从不肯叫我,却愿意我陪着她在这夜晚和风游戏。她絮絮地跟我说她的童话故事,小小的身体渐渐移到我的身边,挨着我的小腹坐下来。我用身体环绕着她,欣赏着她稚嫩可爱的小脸蛋,感受她对我的信任和接纳。

第二天爬山时,趁大家都在休息,我蹲下身子把"黑麋神木"树下的碑刻又仔细看了一遍。

黑麋峰灵木记

洞阳古刹,踞峰临壑,玉阶丹墙,山色为屏,云气为幕。庭有此柏杉者,不知何时高人手植也,土膏育之,甘雨润之,佛光被之,几经寒暑而葳蕤。时逢丁亥岁暮,瑞雪冰封,涂月不开,万木萧疏,皆着素缟,而独此柏杉泰然自暖,不沾银装,苍翠如故。人皆异之,以此为奇。然众生即佛,万物有灵,乃是伽蓝化合,天降祯祥,地生精气,诚能毓秀者,恍若释祖之菩提树也哉。此佛门之盛者,咸为景仰,而名之曰"灵木"。若时人驻足浓荫,吸噙清虚,定能安康获福久矣。

今受维诚大师之嘱，为之作记，勒石成铭，以飨香客施主，幸哉善哉。

于公元二〇〇八年戊子五……

下面的字迹被草叶掩映，看不清楚了。

细细品读到最后，看到此碑竟然是立于2008年，立碑人正是黑麋古刹的方丈维诚大师，真是让我很吃了一惊。我上次没有细看碑文，只看了开头几句是古文，就想当然地认为是古人所立的碑刻。今天才知道，自己多么自以为是！不但没有了解这灵木的神奇之处，甚至连树种都认错。我没有仔细分辨，就认为它是松树。我印象中的柏树是铺地柏，个头矮小，叶子是鳞片状；而印象中的杉树则很高，叶子纤细；只有松树才有可能是中等个头，枝干舒展，树干上还有松脂。可这次才知道，还有"柏杉"这样的树种。它的树皮是纵裂的，如杉；叶子是鳞片状，如柏；柏木质地坚硬，也有柏露可以明目，我却误认为松脂。这样一棵独特而让人心动的树，我却没有把它的名字认清，也没有了解它的故事，一厢情愿地以为它是松树，真是很羞愧。对不起，请原谅，"黑麋神木"，幸好我又一次机会来看你，让我了解到真实的你。

有同伴说，碑上所记丁亥岁暮就是公历2008年，那一年春节前湖南遭遇的冰冻，相信很多人会和我一样，至今记忆犹新。南方百年不遇长时间的雨雪冰冻天气，京广线等多条运输大动脉中断，大批旅客滞留在火车站、汽车站甚至是公路上。长沙城里断水断电，天寒地冻。刚开始几天，我们家还嫌麻烦不愿生火，后来冻得实在受不了，只得找出废弃已久的煤炉。这让我一下子体会到父辈们劈柴生火的艰难。岳麓山上好多大树都被大雪压倒枝干，甚至整株倒下，没想到这里海拔比岳麓山高了一倍，却有不沾雪花的神树。"黑麋神木"，虽然它的存在已经很久很久了，虽然它并不是古人铭记的名木，那是因为只有今时今世的时势才使它的卓越之处得以呈现。维诚大师是历史的见证者，为它铭记立碑，不是正当其时吗？

"古训有云：'姁之妪之，春夏所以生育也；霜之雪之，秋冬所以成熟也。'在人海沉浮里，受苦受难、委屈冤枉都是'当然的'，唯有坚持信念，我们才可以随遇而安，随缘生活，随喜而作，随心而住，为自己找出通路；在这个世间上，给人欢喜，给人信心也都是'当然的'，只有抱定这种决心，我们才能够不计得失，无视荣辱，尽其在我，为所当为，一切皆'当然'耳。"读星云法师的金玉良言，品"黑麋神木"的高风亮节，我对于工作的思考，似乎又有了一些新的体会。

在对立关系中成长

2016 年 12 月 9 日,我在日记中写道:

"今日发现当我面对素质低下、蛮不讲理,满口胡言乱语,还把歪理说得振振有词的人的时候,自己也会情绪不好,语气僵硬,不但做不到柔和相处,还会针锋相对。这样的态度非常容易激化矛盾。

"星期一我要问问我的领导,面对这些情况时,应该怎么说、怎么做呢?既不能违背公司的管理原则,也不能让对方生气。

"还有,当我是甲方时,对乙方还是不够尊重!别人对我用敬辞,我却没有同样尊重对方,要悔改!"

2018 年 1 月 31 日我的日记中又记载了当我面对世界观的冲突,依然会引发强烈的情绪反应。即使是最亲密信赖的人有这样的行为,也会激发我心中的愤怒和恶意。

我反复告诫自己:不要被激怒,而是要去感谢。

在《我们仨》这本书中,杨绛先生提到:"我和锺书在出国的轮船上曾吵过一架。原因只为一个法文'bon'的读音。……我虽然赢了,却觉得无趣,很不开心。锺书输了,当然也不开心。"人际关系中出现对立,发生了自己认为不对的人或者事件,一定要学会忍一时之气,退一步海阔天空。如果两个人是为规则而争吵,规则并不会因为吵架而发生改变,就算是争赢了,但伤了感情,或者引起报复,反而得不偿失。《真爱婚姻》这本书里面讲过一个泳池的例子,给我印象很深。当一个人在泳池边行走,被人浇了一身的水,一般都会生气。可是当他看到浇他一身水的人,实际上已经呛水快要窒息,他一定不会生气,反而会去救人。夫妻关系中发生的冲突,有时只是一个人在向另一个人呼救的方式罢了。我与大树,曾经会因为身体疲累带来情绪不好而发生一些无谓的冲突,当时只要少说一句也许冲突就不会发生了。

以人为镜，可知得失，通过别人你才能认识自己。夫妻关系是一面镜子，工作关系更是一面镜子。如果没有人打击你，你就不可能知道自己的脆弱；如果没有人贬低你，你就不可能知道自己的骄傲；如果没有人伤害你，你也不可能知道自己的包容；如果没有人诬陷你，你就不可能知道自己的气度。

当我们从别人身上发现镜中的自己，往往受到习性的驱使，要不就是否认或破坏它，要不就是视而不见。因为这个镜子里的我很丑，所以我认为这是镜子的问题，我就摧毁镜子，或者逃避镜子……这样做有用吗？

"触来莫与竞，事过心清凉"，是《增广贤文》里的句子。很多事情，经历时觉得事大如天，回头看也不过尔尔。人生的阅历会因为年龄增长而累积，也会因为遇到不同的人而丰富。见过的人越多，对于人性之复杂，越能包容理解；经历过的事情越难，对于处事之法则，越能灵活运用。从这个角度来看，如果一生平顺，从来没有遇到过对立的关系，也就一直没有机会成长，等到七老八十的时候还是个"傻白甜"，岂不是白白虚度了光阴？当别人以他自私、刻薄、狭隘和冷漠的行为，为你的成熟、包容、大气和坚强提供成长的沃土时，难道不应该感谢遇到了对方吗？

《道德经》第二十二章中有这样的句子："夫唯不争，故天下莫能与之争。古之所谓'曲则全'者，岂虚言哉？诚全而归之。"我今后要牢记"曲则全"的教诲，不必争一时、一事的短长。在对立关系中，对于别人的立场和情绪，要保持敏锐的感觉，言语时务必注意语气和语速，态度要柔和，不要自以为是，要用更多角度来看到关系发展的潜在可能性，运用更好的方式处理对立关系。这个道理虽然早已明了，要始终保持内心的澄澈，还须与习气进行不懈的斗争，并非一蹴而就的事。

关于事业的思考

今年春节期间天气非常好,和家人一起过了几天大鱼大肉地吃、晕天黑地地玩、黑白颠倒地睡的堕落日子。今天晚上开始看曲黎敏所著《黄帝内经养生智慧》和姐姐分享的同学聚会微信文章。突然之间灵光乍现,有了大收获:

我对于自己人生道路的选择,一直都是有困惑的。

供职于现在的公司,一直有一份不甘心和不安心。

看到儿子选择了自己热爱的工作,得到不错的收入,心里羡慕不已。姐姐分享的文章中说,作者参加初中同学聚会,总结了五条人生规律。其中第五条是:"不按照自己的真实意愿生活,沉没成本非常之高。"

学问与道是有区别的。曲黎敏的著作里面告诉我:难才去"学",而"道"是让头脑坐上马车;而"其生也有涯,其学也无涯,以有涯伴无涯,殆矣"。以悟"道"的方式,掌握"规律"去理解知识,相比"学"一个一个的知识点,其效率的差异可谓云泥之别。比如我教妈妈学手机,教会她理解计算机交互语言的表达规律,远胜于一个一个按部就班地背记操作步骤。

那么人生的学问与道是什么?人生的制高点在哪里?从什么路径去实现?

三十岁立志要做一名谦谦君子,其实我一直行走在路上。无论做什么工作,什么地位、什么收入,都不影响我做一个君子啊。《易经》本质上讲的是关系,人生最重要的也是关系。要赢得自己的人生,只要经营好身边的关系就好,这与从事哪一种工作是没有任何关系的。

人生的制高点,就是得"道"。凡是能够触摸到"道"的,都是好生活,好工作,好关系。经历痛苦使我近"道"。炒股求财领我悟"道"。亲子关系逼我上"道"。疾病来袭让我明"道"。夫妻争吵可以近"道"。经营商业可以近"道"。求子女可以近"道"。求权势也可以近"道",真是条条大路通罗马。普通人类，也可以凭个人之伟力而撼山岳，愚公移山虽然是个寓言，马斯科把特斯拉送上火星轨道却是现实。其实在"道"的层面，每个人都可以做自己喜欢也让自己欢喜的事情。

我的工作，能够接触人，影响人，也是值得感恩与欢喜的。20多年的工作积累，可以为"道"所用，也可以用之近"道"，甚至可以开辟一片新天地，全在于我自己如何使用我的资源。今天我才真正体会到：无论怎样都好。

人生的制高点，在物的层面，是指五福；在精神的层面是指悟"道"。如何达到？要通过经营关系。经营关系的路线图我已经画好了，只要一日日行得去，定会到达彼岸。

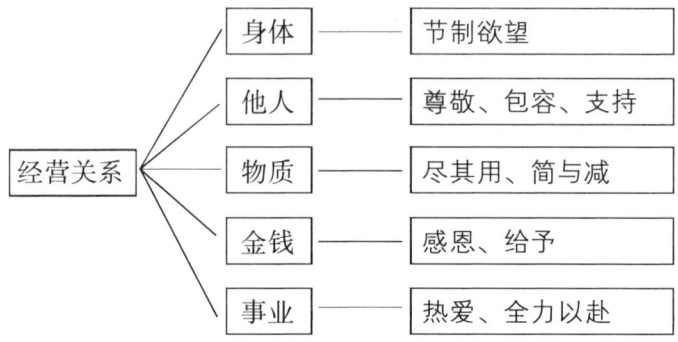

经验与能力

在现代汉语词典里，"经验"的名词解释是指：由实践得来的知识或技能。"能力"的定义是：能胜任某项工作或事务的主观条件。人们评价一个人的职业能力时，常说"他经验丰富，有能力担当这项工作"。由此可见，"经验"是基于过去工作实践积累程度的评价，"能力"则用于对未来工作绩效的预期。HR的招聘条件里常常会出现"有工作经验优先"，但是有工作经验就一定有很好的能力吗？

当我在妹妹桌上看到这本《刻意练习》，"如何从新手到大师"这个副标题时让我眼前一亮。展卷一阅，心中的疑惑豁然开朗。书中指出"一旦某个人的表现达到了'可接受'的水平，并且可以做到自动化，那么再多重复几年，也不会有什么进步"。（P031）这就是说的"有工作经验"的常见状态。我有个在银行工作的同学已经准备办理内退，她感叹说："柜员岗位干了一辈子，最后被柜员机取代"。可是我也知道，曾有银行点钞员当上了全国劳动模范。同一个岗位上截然不同的职业命运，区别在于哪里？我们在某一个工作岗位上，如何通过经验的累积成为能力很强的人？书中的引言指出：刻意练习的原则是通过研究杰出人物发现的，这些原则可以由任何立志于改进任何事情的人们所使用。

推荐序中说："怎样通过刻意练习成为一名卓越销售或卓越CEO，从哪里练起？怎么练？练什么？"越是复杂的技能，越是蕴含更多的隐性知识。成年人对于隐性知识的最佳学习方式并非独自练习，而是在情境中学习。成为专家的学习要点是：找到共同学习体，把隐性知识显性化（策略知识），模仿榜样，在多种情境中实践。耐心地、谦虚地保持长时间周期的刻意练习。

比如开车这种技能，也是有很多隐性知识的。考到了驾照，并不等于能够处理所有状况。驾校学的侧方位停车是前后都没有车的情况，实际生活中的空车位前后往往都有车。大树先生是开了 20 年车的老司机，他自己车开得好，却也不知道怎么才能教会我把车停进空车位。有车位也停不进去，我忍不住跟同事们诉苦。有个姐姐笑着告诉我："我开车一年多都没有学会怎样把车停好，每次停车都要找别人帮忙。"另一位同事则推荐她的好朋友来教我。我马上向她取经，在她手把手地指导下，我只花了半小时就学会了这个技能。现在回想起来，她的教练方法完全符合"有目的的练习的四个特点：定义明确的目标；专注；反馈；走出舒适区。"（P33）她告诉我，她曾一个人在车库里面反复练习各种方位停车的技术，直到非常熟练。她还给我分享了抖音小视频，这种图文并茂的方式让我可以反复记忆新学到的技巧。我看到她钻研车技的目标，远高于一般人满足于自己会开就好的目标，难怪她可以成为高手。

　　读《刻意练习如何从新手到大师》这本书让我体会到由衷的喜悦。我觉得，当一个人发现他可以掌控自己的潜力、创造自己的潜力，他的一生一定是成功而且充满喜悦的。我要成为孩子们的榜样，给予他们对自己能力的巨大信心。我能够做的是通过自己的行动，让他们相信：每个人都能够一次又一次地重新塑造自己，选择各种方式来提高自己。这应该是我这一生能够给孩子们留下的最重要的礼物。

　　"各行各业中最杰出的人物并不是因为他们天生具有某种才能，而是因为他们通过年复一年的练习，充分利用人类的身体与大脑的适应能力而提升和发展了自己的能力。"（P313）

　　对于个人，发展那些他们所在行业和领域中十分尖端的技能时，能收获巨大的个人成就感。即使没能抵达某个行业或领域最前沿的普通人，依然可以享受掌握自己人生命运的乐趣，乐于接受提高自己能力水平的挑战。"只有我们在提高自己时，我们才最像是人类。所谓练习人，是反映人的一生之中能够通过练习来掌握自己的命运，使得人生充满各种可能。训练学生和成年人如何更有效地学习，变得至关重要。"（P315）

　　让刻意练习成为我人生的常态，我就会拥有更多的自愿选择和选择带来的成就感、满足感。先让我用"五步法"来消除限制性信念，以自己不会瑜伽为例：

　　1. 困境："我不懂瑜伽。"
　　2. 改写："到现在为止，我尚未学会瑜伽。"
　　3. 因果："因为过去我未能找到一个好老师和安排出时间，所以到现在为止，我尚未学会瑜伽。"

4. 假设："当我找到一个好老师和安排出时间，我便可以学会瑜伽。"

5. 未来："我要去找会瑜伽的朋友，请他们介绍老师给我，并且改变生活安排，使自己每个星期六下午都可以去上课，我将学会瑜伽。"

至此，即可脱离"我不会瑜伽"这个限制性信念了！接下来，我要把"我不会瑜伽"换成"我不会人力资源管理"这个限制性信念，遵循刻意练习这个基本原则，不知道我的未来会是什么样子？

"成功路上并不拥挤，因为坚持的人不多。成功路上需要选择，但会选择的人不多。成功需要贵人指引，但有导师的人不多。成功需要不断学习，但会学习的人不多。成功需要付出，但舍得付出的人不多。成功需要目标，但知道方向的人不多。成功需要全力以赴，但能集中精力的人不多。"曾在网络上读到的这段话，当时深以为许。今天读到《刻意练习》这本书，欣喜于书中为每个普通人指出了成功的道路，希望这段话中的每一个"不多"，以后都能变成"很多"。

直挂云帆济沧海

公司组织中层干部学习华夏基石在线商学院施炜老师的关键管理行为系列公益课。最后一讲《自我管理》中，我听到施炜老师说："自我管理是职业成功和生活幸福的基石。"他还说，关键管理行为这10次课的中心思想是"以君子之道待人，以科学方法做事"。听到这里，我心中的小星星一片粲然。"天行健，君子以自强不息"，高调做事，低调做人，我终于找到了自己要走的人生道路。

施炜老师在他的著作《激荡2019：从思想的云到实践的雨》一书中指出，铁军组织中的"高能领导者"具有四个特点：有认知的穿透力，能够一见到底把握事情的本质；有理想的感召力，让人对目标和理想产生激情；能够运用价值观管理团队；能够知人善任。管理学家德鲁克在《管理者的自我管理》也说过，管别人要先管自己。我想，高能领导者的自我管理，必须先培养自己的洞察力，培养自己对于理想的激情，还要树立科学的价值观。企业的领导者能否知人善任，施老师以曾国藩为例说，识人用人会有一些天赋和运气的影响。我却知道，欲知人，先知己，知己知彼，百战不殆。

回顾自己20多年的职场经历，真是"欲渡黄河冰塞川，将登太行雪满山"。我现在从事人力资源的工作，得来有很大的偶然性。若不是我关闭产业单位时，为了催回货款与欠款人发生冲突，就不会有枫姐"路见不平一声吼"的仗义相助。彼时我与枫姐只是普通同事，偶尔会聊聊天，工作上并无交集。若非有这个缘分，我也可能不会得知枫姐后来在工作中遇到极大的困境，晚上连连做噩梦。她的痛点刚好我都可以帮得上忙，"该出手时就出手"，于是我悄悄地分担她所在部门的工作，给她以支持。尽管我再三叮嘱她不要告诉大领导我在背后做的工作，她还是想方设法把我调到人事部门，让我成为她的助手。

这几年是公司改革脱困的紧要关头，机构调整频繁、数十名干部选拔和淘汰、各项制度从无到有、大批人员分流安置，这也成为我职业生涯中最忙碌、最艰难的三年。

　　幸运的是，我一直以君子之道为自己的行为准则，从未停止自我学习，一直在进行自我管理。一路行来跌跌撞撞，兜兜转转，却始终未离正道。在人力资源部的这几年，我以前为了个人成长所学习的管理学、系统科学、经济学、心理学、教育学、哲学等学科的知识，全都用得上。而且这份工作还逼迫我离开了自己的舒适区，让自己不能满足于自己会用就好，还要提高目标，努力成为一名教练。虽然我在人力资源管理这门学科方面，还有很多不明白，但我相信，我已经拥有足够好、足够多的学习资源。若我全力以赴，把个人和团队的力量都融入公司的愿景之中，"直挂云帆济沧海"的美景，一定会来到。

命运共同体

打开《事实》(汉斯·罗斯林等著,文汇出版社,2019年5月出版)的封面,一张漂亮的气泡图深深吸引了我。左边纵坐标由低到高,表示人类的预期寿命;下面横坐标从左到右,表示人均国内生产总值。大大小小的气泡,不同颜色代表地区不同,不同大小代表国家人口数量。世界人民是贫穷还是富有,疾病还是健康,我在书中提到的"开启民智基金会的免费网站"找到了过去200年来世界上这些国家的惊人进展变化。网站动图徐徐展开,我紧盯着那个最大的红色气泡,看到它一点一点移动,看它如何从40岁的人均寿命,垂直上升到70多岁、80多岁;看它如何从最低一级的人均收入,飞快前进到第三级的水平。

我把网站上的动图看了一遍又一遍,心中的震撼无以言表,看着看着,不觉眼眶湿润。我以为我今天的幸福生活是因为自己有多么努力,却不知道我其实只是这个巨大的红色气泡里一粒微尘。200年来的变化显示,我所在的红气泡,只有这70年,才真正让人民过上了健康富裕的生活。

今天早晨,我独自在家门口的绿道漫步,沐浴在4月的阳光里。纷纷繁繁的樱花已经零落成泥,铺满树下的绿荫,枝头红装换了绿袍,每一片叶子都闪着亮光。一路走来,桃花、李花、杏花、海棠都不见了踪影,只有开得最早的迎春还在一片绿色的海洋中零星闪着黄光,好像江水中折射的粼粼波光。古诗云"人间四月芳菲尽",林徽因有名作写道"你是人间四月天"。芳菲虽尽,幼果初成,我惊喜地看到路旁两株狗根刺已经结了很多果实。狗根刺学名叫枸骨(拉丁名 Ilex cornuta Lindl. et Paxt.),我小时候在田里玩耍时,最怕碰到它叶子上的尖刺。别看它现在不起眼,等到入秋后红果满枝,经冬不凋,艳丽可爱,是优良的观叶、观果树种。你知道吗,在乡间挂人衣服皮肉的狗根刺,它在欧美国家常用于圣诞节的装饰,所以也叫"圣诞树"。

《事实》中指出,我们要杜绝一分为二的错误本能,把世界分为富人与穷人是具有误导性的分类,把国家分为"发达国家"和"发展中国家"也是同样的错误。正如"狗根刺"学名叫"枸骨"也好,在欧美国家叫"圣诞树"也罢,它都是这样的一个生命。无论是富有还是贫穷,无论是分为两级还是四级,我们都是人类,都生活在同一个地球。从气泡图上,我看到的是全人类的进步,和平的世界环境让90%以上的世界人口比200年前更健康、更富有。

一个国家是否有希望,要看他如何对待底层的人民,以及如何对待英雄。在中华人民共和国成立七十周年的庆典上,我看到了我们的国家如何对待这两种人。微信朋友圈里刷屏的国庆阅兵式上空无一人的国产红旗车,不知让我红了多少次眼眶。2020年国庆,公司分工会组织同事们一起去观影《我和我的祖国》。影片中一个一个小故事,描绘的都是普通人的工作和生活。中共中央总书记、国家主席、中央军委主席习近平在国家勋章和国家荣誉称号颁授仪式上讲话中的金句,被我摘录在印象笔记中:"只要有坚定的理想信念、不懈的奋斗精神,脚踏实地把每一件平凡的事做好,一切平凡的人都可以获得不平凡的人生,一切平凡的工作都可以创造不平凡的成就。"

"家是最小国,国是千万家。"家与国之间,一个又一个企业和组织承载着多少家庭的收入和希望?我在国家这个大船上,也在企业这个小船上,国家是我的,企业也是我的。我终于看清楚,国家与小家的确是同呼吸、共命运的生命共同体。

甲骨文的"家",是房屋的象形里面有个猪("豕"),富足与安康就是中国人心中"家"的内涵。西周金文中始见"国"字,左边方框象征一片土地,右

甲骨文"家"　　　小篆"家"　　　金文"国"　　　小篆"国"

边以戈表示以兵戈来保卫这片土地。后来的小篆在外边加了大框,"国界"扩大了,仍需以"戈"卫"国"。这两年全世界都遭遇了新冠肺炎疫情,越来越严重的贸易保护主义倾向让疫情中的世界经济雪上加霜。我看到我的国家,虽然最先被疫情袭击,却也最先保护了自己的人民;她既接受了来自全世界的善意,更为世界人民的善意给予了千万倍的回报。病毒无国界,善良亦无国界,和则两利,分则两伤。家庭如此,企业如此,国家亦如此。历史上人类曾为"一分为二"的错误思维付出多少代价?今天我们还要再继续错下去吗?

边走边想,看到道边有一大块绿草地,我准备驻足做一套八段锦。停下脚步才发现,尽管垃圾桶就在路边,这块草皮上却丢着一块橘子皮,一个空烟盒,一张湿纸巾。一丝烦恼涌上心头——唉,这国民素质真令人担忧。转念一想,毕竟还有这大片的绿草地,不要眼睛只盯着几点垃圾。再一想,我又想起曾偶遇过一位精致漂亮的年轻妈妈带着四五岁的儿子,举着红色的螃蟹钳和长火钳,沿着这条路捡拾塑料垃圾。我想,我下次也可以带个钳子出来,把垃圾送到它们该去的地方。正想得入神,一位穿着绿条反光马夹的帅哥,骑着电动车到我面前停下。他拿出一只长长的夹子,把我看到的那几片垃圾轻轻拈起放进车上的一个大袋子里,又悄无声息地离开了。

感谢环卫工人的付出!我从未像今天这样有一种自愿向国家和地方政府交税的冲动。衷心希望我和我们公司,今后创造更多的产品和财富,让世界因为有我们而变得更美好。

最美志愿者

今天初中同学的微信群里炸了锅，"叮咚叮咚"的短信响个不停。中午休息的时候，我好奇地打开看了看。原来母校师大附中公众号发了一条新闻《"附中人，战武汉"，校友冯国强登上国家光荣榜》，大家纷纷点赞献花。看着他们出发前印满红红指印的《决心书》，想一想他们在工作岗位上承担国家大义时的勇气与无私无畏，我不知不觉又涨红了眼眶。泪眼模糊中看他们的集体合影，口罩后面的面孔仍是当初那个纯真少年。同时受到表彰的校友刘纯医生和"战疫"中意气风发的他们，是我们这个时代最可爱的人。

早晨上班时在电台收听湖南新闻综合广播，赵春光医生一封《潇湘家书》，让人心生钦佩和由衷敬意："儿自请缨，蹈火而行，生死不念。纵死国，亦无憾。青山甚好，处处可埋忠骨。无须马革裹尸返长沙，便留武汉。"赵春光医生是军人的后代，"常忆我父，着戎装，执甲兵，护卫南国天空，兵锋所指，宵小不敢窜犯，念我母，供三餐，勤耕织，耳提面命，受形屏气，养育之恩，日日挂怀。犹念垂髫之时，父母命我行正步，敬军礼，望我从军报国，以承父业，孩儿顽劣，未进行伍，唯报国之心，时时不敢涣散。"赵医生真乃将门虎子，虽无戎装，已铸军魂。

焦作市人民医院魏子杰有一首七言《寄白衣》在网上流传，我没有作者那样的才华，抄录一遍，以志纪念。

岁末疫情如山至，忽临城下百万兵。
亿万民众家中坐，唯有白衣逆风行。
医者仁心如扁鹊，妙手施援似南丁。
寒霜蔽体雪覆面，刃上游走履薄冰。

不论生死无须报，人间有疾万事轻。
万里援鄂别家去，荆棘坎坷汗填平。
阵前携手共克敌，医者岂是枉成名。
不顾自身岁岁安，唯愿人间世世宁。
火雷双神同降世，四海升平天下清。
瘟君退却人声沸，来岁江城共赏樱。

新冠肺炎疫情的爆发，中国的医生和护士逆风而行，用自己的生命书写高贵的职业精神。我也看到许许多多的普通人奔赴湖北成为志愿者，默默奉献了很多很多。附中好校友文龙两次为冯国强率领的医疗队筹资送去了"湘味湘情"的长沙米粉，为大义支持"热干面"的好兄弟送上了一份实实在在的后援。除此之外，还有很多附中校友从世界各地联系学校，为国为民捐款捐物。

我虽不在疫情最严重的区域，但也同样感受到世间温情。在疫情初期，防疫物资最紧缺的时候，我住的小区有好心业主给物业捐赠防疫物品；在疫情防控最严格的时期，外出采购不便时，有好心物业捐赠新鲜蔬菜，挨家挨户送到家门口。"春风杨柳万千条，六亿神州尽舜尧"，这次疫情让我有机会看到每一个普通人，在工作岗位上勇于承担社会责任的这份大爱；这次疫情也让我看到了，在集体的困境之中，每一个平凡的人彼此之间流露的善意与温暖。

感谢一代又一代"最勇敢的人"，把我们的家人保护得很好。今生有幸，生在中国，生在和平的时代。姨妈常说当年她在附中读书时，读书不要钱，吃饭不要钱，是新中国让她有机会学习文化，成就了一生的幸福生活。我家已有三代附中人，附中给予我们的情怀教育是否也能和那些杰出校友一样，浸润到了骨髓里？

第七辑

有一颗公益心的女人才最美

岳麓山与公益

初冬的早晨,一家人去登岳麓山。金黄、黄褐、棕绿、暗红、大红各色的落叶层层叠叠,给林荫道铺上了一层厚厚软软、色彩斑斓的地毯。道路两旁的香樟和茶树四季常青,高大的阔叶乔木露出了苍劲的枝干。牵着小娃,挽着大树先生在阳光洒落的山路上漫步,心情比走红毯还要美。

我们在穿石坡湖边驻足,大树突然指着湖面叫我:"快看!有个小鸭子呢!"观察能力总是慢半拍的我,只见到一个小小的身影,忽地就不见了。过了好久,才又见它从十几米开外的水面下钻出来,小小身子在平静的湖面上划出一条清晰的水波。游了一会儿,它一个猛子扎下水去,波纹渐散,湖面上归于平静。过了好久都看不见它,让人担心得不由屏住呼吸。就在我以为它再也不会露出头来的时候,一眨眼间它又出现在水面上,笔直地向前方游去。几百米宽的湖面,小鸭子几个猛子就横穿南北,在水面上划了一条亮晶晶的虚线。

循着小鸭子游去的方向,我发现那儿是穿石坡湖边一个天然岛。几枝芦苇和一丛灌木密密地挨着,给鸭子们围成了一个温暖的家。一大群大大小小的鸭子,都在附近的水面上游弋。小鸭子很快找到了另一只和它差不多大的小鸭子,两个小家伙凑在一起,一会儿同时扎入水中,一会儿又几乎同时从水里冒出来,好像是在游戏,又像是在练习,玩得不亦乐乎。而大鸭子们,则在一边慵懒闲适地梳理着羽毛。

初升不久的阳光从长廊那边暖暖地照在水面上,几条柳枝柔柔地垂向湖面。对面山上的枫叶、银杏和杉树红黄相间,在常青的树丛映衬下显得格外鲜明。湖面波平如镜,小鸭子留下的水痕都已渐渐消失。北边温馨的鸭子一家,正沐浴在早晨的阳光里。不远处的楝树上,一对有着长长尾羽的美丽鸟儿,在枝头停留了一会儿,又飞走了,多么静谧的早晨。

工作繁忙的时候,我常常会期待出去旅游。看远处的风景总免不了长时间的乘车坐船,在享受美景的同时,也会因为行色匆匆而颇感疲累。近在咫尺的岳麓山,风景如此让人陶醉,还免去了我舟车劳顿之苦。从我办公室的窗户里一抬头就能看到岳麓山,窗框如画框:春山如黛,云遮雾绕;夏日葱茏,鲜明艳丽;秋色澄明,层林尽染;冬季常青,偶染霜雪;日日有新意,四时皆不同,真如一副鲜活的水墨画卷,美不胜收。每逢节日,拥挤在山路上的人头密密麻麻,不比逛黄兴路、坡子街的人少,电台说岳麓山往年节日游览的高峰时人数甚至超过 10 万人。岳麓山不仅是本市居民的福利,也为周边游、跨境游的人们展现了无限的美景。

之前岳麓山也是要收费才能游览的,门票还不便宜。那时为了省点门票钱,我们特意找小路上山。无奈魔高一尺,道高一丈,当我汗流浃背地爬到小路的终点,常常会遇到几个牛高马大、穿制服的保安,要么补票,要么打道回府。感谢政府的园林管理部门,既免费开放岳麓山,又管理得这么好,不仅使更多的人能够感受到生活的美好,连穿石坡湖中的小鸭子都活得如此恣意和自在。

市政府免费开放市区公园的决策,使社会所有的成员都能从中获益,是真正的公益,善莫大焉。

"芝麻开门吧"成立之初

2012年12月4日,距离我在QQ空间提出要成立一个学习小组的想法,正好一个月了。为什么我会想要成立一个学习小组?这是因为我发现有同伴一起读书和学习交流,会比一个人独自用功进步更快,效果更好。想要一个学习小组,当时只是我个人的想法,弱弱地在日志上公布了一下。我的想法是因为符合大家的期望,也是因为有了伙伴们的支持和参与,得到了我做梦都不曾想到过的大力支持,成功地举行了第一次活动,带来十分可喜的改变,显露出颇为可贵的价值。

"芝麻开门吧"第一次活动于2012年12月2日下午在飞翔文化成功举行,现在想起来,还觉得很兴奋。虽然我一直认为平静是最美的生活状态,但是这几天只要一想起学习会上热烈讨论的情景,还是会忍不住地傻笑。先生和同事偶尔看到我的表情,也会忍不住要笑我。

飞洋同学为我们第一次学习提供了一个完美的场地,他不仅提前一天就亲自搞卫生,还为我们准备好了茶水和丰富的零食。最让人惊喜的是,他还主动加班为我们的学习小组做了一条漂亮的横幅,使我们的聚会增加了仪式感。当我们进入这个本来只是临时性的学习空间的时候,觉得正式而且隆重。真不敢想象,一个梦想实现的时候,会有这么美好!真为我们的学习小组而骄傲。

黄老师是获得省图书馆邀请作为公益大讲堂主讲的人际关系学专家。每个听我介绍她情况的人都惊讶地问我:"这么大牌的老师,你怎么请到的?"说来惭愧,直到活动那一天,我们之间的关系还是我认识她,她却不认识我。因为听过她在公益大讲堂的精彩讲课,我很敬佩她,曾把自己的听课笔记传给她,请求指点。当我空间里有了那一篇提出自己小小心愿的日志,她就在文章后面评论说:"你可以做到的,需要的话我一定给予支持。"当时看到这句话我就觉得很温暖。更让我没有想到的是，活动当天黄老师不仅早早到来，穿着正装参加我们的第一次学习活动，而且给我们发言的每位同学都提出了建议和指导。大家都说："黄老师的到来大大提升了我们这个学习小组的档次。"本来我心想只要有一个聊聊书、聊聊天的"芝麻开门吧"就很开心。现在因为有了老师的指点，我才知道我们可以更好。

当我得知公益活动很多，时间安排非常紧凑的黄老师是推掉了自己原来的计划，特意从伍家岭赶来这里时，我明白，她是以实际行动告诉我，没有安排不过来的时间，只有对你而言重不重要的事情。我想，每月一次的活动，会因为她的言传身教而更加有质量的保证。

特别感谢来参加活动的每一位伙伴，带来自己的感悟和问题，让我们共度的时光过得充实又愉快。不想赘述活动的情况，一方面是因为，每一位在场的人，都有自己的收获。另一方面是因为尽管我的确曾想全程记录活动的情况，但回来整理笔记的时候却发现因为我太兴奋，不够冷静，错过了不少精彩的时刻。窃认为以偏概全，不如不记。

这次活动中提到不少好书，我们尽量记录下来，放在群空间里面共享。关于如何读书，我综合了大家的想法，提出下列建议：

1. 得到老师指点的同学，可以按老师的建议选择阅读最适合自己目前状况的书。

2. 有自己的读书计划的同学，应该坚持自己的计划，适合自己的才是最好的。

3. 没有读书习惯的同学，每天阅读半小时就很好。沙哈尔老师说："那些目前在我们看来不可能实现的事情，只需要坚持用很小的行动去追求就能实现。"

4. 不能参加活动的同学，希望能在每个月初第一个周六下午小组活动的前后关注群动态，会有最新消息发布。群里也会有一些公益活动的通知，有兴趣的话可以自愿参加。

5. 同学们在读书、做人过程中有收获和体会的话，希望能够及时动笔记录，动手动口来分享，以任何一种你喜欢的途径。

6. 在生活中发现身边的人有需要的话，就介绍一本你看过的好书给他。

7. 如果有困难的话，我们每个人都会互相支持。黄巍老师博学广闻，是我们学习小组的舵手。（学习小组活动时，她就坐在最靠近船舵的位置。是巧合，还是天意？我一直很好奇……）

大富翁游戏

早晨，在明媚的阳光中醒来，我还清晰地记得一个梦。我梦见云朵姐姐又生了一个儿子！她还悄悄告诉我，怎么样才能在不违反政策的条件下再生一个儿子。我梦中连忙掏出钱包给她打红包，用的是人民币。先生听了我的梦，脸上忍不住露出微笑。我问他笑什么，他说，看到我们的读书小组活动觉得很开心。其实他那天赶到的时候，黄老师的总结分析已经接近尾声，我们的现金流游戏也快结束，他都笑成这样！

那天的现金流游戏从两点半准时开始，参加活动的朋友达到12人。因为游戏道具限制，能够参加游戏的只有8人左右，很遗憾远道而来的新朋友和提供场地的飞洋两口子都没能参加游戏。我因为之前对游戏略有了解，中途帮助黄老师当了一阵子银行家的角色，给大家发工资，很开心。个人感觉最有趣的是这个游戏中，每个人随机分配的角色竟然与生活中的实际情况有很多相似之处。大家通过游戏体验凭工资生活，攒钱买房收租，买卖股票，借钱投资分享利益，生了孩子打红包，借钱给人却无法收回等生活中可能出现的种种状况，一群堂客们玩得兴高采烈，时间过得飞快。我提醒大家再玩几分钟，到五点一刻就结束游戏，有人很坚定地反对说："不，我们玩到五点钟就行了，我还有事要走。"我只好告诉她："现在已经是五点过八分了。"

游戏结束时，大家认真计算了自己的投资收益情况。几个很努力赚钱，月收入上万的富裕户惊呼，最后得到的净资产是负数！一个不哼不哈，月收入只有3000元的小学老师，居然赚下了数十万元的家产！

现在想起来，我觉得我们忘记统计一个重要的数字，那就是每个人在游戏结束时的月现金流和非工资性收入。因为每个角色的起点不同，高收入的人往往有高额的教育贷款和住房贷款。在短短的两个多小时的游戏时间里面，高收入的人把自己的赤字减少了很多。如果月现金流情况好的话，那么只要再多一点时间，正资产、高资产的目标应该是一定会实现的。这个重要的数据忘记统计，确实蛮遗憾。因为在游戏开始的时候，每个角色的非工资性收入都是零，所以这个数字才可以真正检测到财商，而不能仅仅看游戏结束时净资产的情况。真正的生活会给每个人足够长的时间玩现实版的现金流游戏，而不会只给两个小时，所以，早日提高理财能力，这才是真正重要的事情。

另外一点大家也有争议，那就是在努力赚钱和享受生活这两个极端之间，我们该如何选择？资产颇高的美女说："我节衣缩食攒下一份家业，为的是以后能够享受。"花钱花到 High 的云朵美女却说："我要现在就开心，用不着等以后！"

我觉得两种生活态度本身都很好，重点在于你自己如何选择。如果你选择了以后享受，那么在勤恳工作，努力赚钱，节衣缩食的时候，就不必艳羡别人享受生活而纠结痛苦。如果你选择了现在就享受，那么就不必羡慕别人拥有很多财富，别人能享受得更多。夫妻之间，对于这个问题也可能存在不同的看法，我觉得两个人互相沟通，尽量靠近，能够取得基本的共识，能互相理解和支持就很好。

每个人的起点不同，追求也不同，不是每个人都梦想着要成为大富翁。只要你能清醒理智地做出自己的选择，接受自己选择的结果，享受自己选择的过程，生活就是美好的！

分享最快乐

一天，和表妹、好友一家在岳麓山上度过了一个愉快的下午。

我很抱歉好友一家提供"芝麻开门吧"读书沙龙的场地，又忙于组织和照顾前来的小伙伴，两口子都没有参加现金流游戏。好友却告诉我，虽然没有玩，但是在旁边观察收获也有很多。她说她没有什么理财意识，先在一旁观摩，下次有机会再玩也很好。我把自己理财方面的经验和教训与她分享，她听得很认真。

我笑着告诉她："有你这样的朋友，我也很快乐。"

好友有点奇怪地问："为什么？"

我说："因为我可以跟你分享啊！"

好友深表同意。她告诉我一个故事：一个立志走遍天下的小伙子，以人间蒸发的方式告别父母和朋友，实现了自己走遍天下的梦想。在他精彩丰富的一生的最后时刻，他写的日记里有这样的内容："我一生最快乐的时刻，是与家人、朋友分享。"

确实是这样。我之前很长一段时间都是一个比较自我、有点孤僻的人，生活中不太愿意和别人接触，遇到困难和问题，总是一个人默默忍受，一个人慢慢摸索。经历很多痛苦和悔恨之后，终于有了一些经验教训和心得体会。现在的生活中，因为凡事都预先有所准备，所以很少会再遇上让人头痛欲裂、彻夜难安的问题。但是我深知，身边的一些朋友，还会像我以前一样处在痛苦的矛盾冲突之中。如果他们愿意向我打开心扉，我想我至少能够让他们离开的时候，心情好一点儿。如果他们也能够在生活中勤奋实践一些积极有心理学知识，那么生活一定会向他们露出微笑。这样，我的所学不至于成为个人的私藏，而能为大家所共享。看到我的朋友开心，比我一个人开心还要多上几倍的开心呢。

我们"芝麻开门吧"的小组活动，渐渐吸引了新的朋友到来。大家都抛去了自己的社会身份，带着一颗真诚的心来到这个学习空间，带来自己的专长和大家分享，同时也与大家交流学习。

犹豫着最后才报名的小表妹说："本来觉得和你们中年人在一起会有压力，只因很想了解现金流游戏才鼓足了勇气来到这里。来了以后才发现自己很开心，收获很大，以后会多来参加活动。"

我笑问："你觉得我们这些中年人都混得不错，所以会有压力，是吗？"

表妹说："是。"

我又问："那你想不想到我们这个年龄的时候，会有我们这样的状态呢？"

表妹连连点头。

我笑道："那你若不跟我们在一起，又如何向我们学习？若你能学习我们的长处，借鉴我们的经验和教训，你不必到我们这样的年纪，成就一定会超过我们呢！"

表妹听了很开心，我亦开心，分享最快乐。

"芝麻开门吧"的规划

"芝麻开门吧"是一个读书交流的平台,但并不是一个玩"高雅"的"娱乐"场所。大家是为了想要生活更快乐、更幸福来到这里,而不仅仅是到这里才能感受到快乐和幸福。这天的沙龙,我想和大家一起理清目标,启动能量的源泉,达成行动的计划。

这天沙龙来了好几位新朋友,她们有的是为了解成长夏令营而来,有的是因为创始人伍哥的感召而来。我一边给大家讲解规划的六个层次,一边和大家探讨——什么是我们真正想要的?

我们真正想要的目标:生活快乐

我们的身份:快乐生活的人

这样的人的特征是:

1. 每天开心,脸上带着微笑;

2. 自信。

这样的人有以下信念:

1. 付出才会有回报,不劳者无获;

2. 爱出者爱返,福往者福来;

3. 先点亮智慧的心灯,照亮自己的人生;再点亮别人的心灯,让光明照耀我们;

4. 凡事皆有可能;

5. 自爱、自信、付出是根本需要。

这样的人会有以下能力:

1. 爱的能力;

2. 区分真爱的能力;

3. 制定目标、采取行动的能力。

这样的人会有什么行为？根据自己想要达成的目标拟订七天行动计划，并一一对照落实。

这样的人会有什么样的环境？还需要创造什么样的环境？三等人抱怨环境，二等人跟随环境，一等人创造环境。

我们的使命和环境的关系？上三层和下三层的关系是什么样？

大家一边倾听，一边分享，时间过得飞快，似乎还只是短短的一瞬间，手机上的时间显示现在已经是晚上10点钟了。第一次来到这里的刘老师看着我们微笑，一再地说："要是我早20年、30年有这样一个平台，我的人生一定不会是现在这个样子，一定会比现在要好得多！"我也对她微笑，感恩她以"过来人"的身份来到这里，非常感谢她的分享和指点。"芝麻开门吧"的沙龙，因为有她的到来而不同，因为她的到来而有惊喜，一切已是最好的安排！

孩子们的辩论赛

儿子睡到九点还没有起床。我轻轻推门进到他房间，他翻了个身醒来了。我笑着告诉他："9 点了哦，一个早晨都睡过去了。"他懒懒地蜷缩着："我昨天太兴奋了。""呵呵，"我不觉也笑起来，"是因为辩论赛吗？"孩子点头。我回想起昨晚辩论会的精彩片段，也是心潮澎湃，久久难以平静。

前一天晚上，"芝麻开门吧"的话题是："中学生喜欢异性好不好？"组织形式是亲子辩论赛。评委主席是 2005 年湖南省大学生辩论赛冠军鸿鹄老师。赛场上，主席端坐主席台，郑重地宣布比赛规则，五个 11 岁到 14 岁的孩子分坐在台下，跃跃欲试。家长们在外围观众席围观，全神贯注于比赛的进程。

正反方各三名辩手，正方观点是"中学生喜欢异性好"，反方观点是"中学生喜欢异性不好"。我做了两张纸签，现场抽签决定参赛方是正方还是反方。小树、文斌和他的好兄弟立即选择了我左手的纸签，坐在我右手的女孩子果断选择了我右手的纸签。还有一个男孩子，坐在一边看着，没有选择。这时，我把纸签打开一看，小树他们抽中的是正方观点。这时，赛场上局面突然发生变化，女孩子说："我也要选择正方。"那个沉默的男孩子说："我也要选择正方。"

我一时呆住，心里快速地想办法："怎么办，孩子们都要选择正方，难道要五个孩子都成为正方，反方都由家长们上？那我们如何能听到孩子的心声？"这时，坐在中间的洋洋和小树、文斌商量了一下，告诉我："我们来做反方吧。"OK！太好啦！这时，选择正方的坐在正方席，选择反方的坐在反方席，正方只有两人，为达到平衡，年轻的涛涛帅哥自告奋勇，也坐上正方席。主席宣布辩论赛规则，同时给予双方 10 分钟准备时间。双方一辩、二辩、三辩进行商讨之后，全心投入了辩论赛。

正方一辩是涛涛，对于"中学生喜欢异性好"这一论题，从心理学的角度、生物学的角度、对促进自身发展的角度进行了陈述。反方一辩是小树,他从7个方面对"中学生喜欢异性不好"这个论题进行立论。接下来是二辩提问环节,反方二辩先问,可以选择正方任意一位辩手回答。正方二辩、三辩的回应彬彬有礼,同时也有理有据,引经论典,充分展示了孩子们平时大量阅读的积累。孩子们言谈中提到的哲学家,在座的很多家长连听都没有听说过。幸而有同样博学的鸿鹄老师,及时给予孩子们提示和肯定。家长们都寂静无声,对孩子们的表现感到非常震惊。

轮到正方二辩提问的时候,二辩是兰蕊,朋友的女儿。一年未见,长得更加端庄镇定,气场平和而强大。女孩子充分利用了自己的20秒提问时间,几乎把反方二辩问得哑口无言。我坐在旁边看得是惊心动魄,叹为观止。进入自由辩论环节,反方三辩虽然年纪最小,却很有勇气。他才刚满11岁,谈论起"中学生喜欢异性不好"这个话题,振振有词,有条不紊。

五个孩子的全心投入,让在座的家长们看到了孩子们心灵里对于"喜欢异性好不好"这个话题真实地呈现。进入家长提问环节,家长们纷纷向自己关注的对象提出了自己的看法和问题。孩子们的回答也是精彩纷呈。

最有趣的问题是,有一位家长认真地提问反方三辩:"你刚才说,喜欢异性甚至会导致家庭破裂,那是怎么回事?"大家再一次哄堂大笑。刚才在自由辩论阶段,孩子抛出这个观点的时候,正方三辩轻松地回答道:"是你喜欢异性,又不是你爸爸喜欢异性,怎么会导致家庭破裂呢?"正方避重就轻的反驳,当时就又引发了一阵大笑。进入群众自由提问阶段,这次提问给了孩子一个解释的机会。反方三辩这样回答:"如果在学生阶段喜欢异性,父母会为此而担心、焦虑。如果发展得更加严重,影响了正常学习,就有可能影响父母之间的关系,因此而家庭破裂也是有可能的。"哦,原来是这样,孩子说的是这样一个可能性。应该说,在现实生活中,孩子的问题确实常常会成为夫妻争执的导火索。三辩的担心并不是没有可能的。当一个家庭里本身存在很多夫妻双方不愿意面对或者无法正确处理的问题的时候,孩子很可能早恋;而孩子的问题,也很可能成为压倒骆驼的最后一根稻草。听到这孩子说得有道理,正方三辩看着他无奈地笑道:"等你将来遇到的时候你再来说吧。"

外行看热闹,内行看门道。五个孩子的辩论表现,大家都看在眼里,辩论会主席更加看得清晰。他从专家的角度,对各位辩手的表现进行了评述,讲解了作为一名辩手需要学习的专业知识,需要具备的专业形象,在赛前需要做哪些准备。我们大家都听得非常认真。

辩论会结束时，我提出了一个问题："大家对这场辩论会，感觉怎么样？"当时围坐在会议桌前的20来个人，纷纷点头。我借着这个机会，请求鸿鹄老师给孩子们多做一些指导，让他们有机会以更精彩的表现参与下一次大家都感兴趣的话题。看到孩子们期待的眼神，鸿鹄老师其实是很犹豫的。因为他深知，辩论技术是一把双刃剑，用得好固然好，用得不好，对于人的一生都会有非常严重的负面影响。具体是什么，他没有细说。但我的理解是，任何事情都是有利有弊的，既不能过度沉迷，也不能因噎废食。

最后，我回答了家长们的两个提问。

"孩子对于异性同学的喜欢，如何把握这个合理的度？"

"若异性同学喜欢自己的孩子，两年来一直发短信，怎么办？"

对于这两个问题，我首先的回答是："家长做好了自己，孩子的成长自然顺利。孩子对于异性的喜欢，会像路边的花开花谢，自然产生，自然过去，不必过于关注。只要孩子能在家庭里得到充分的赞赏和关注，他一定会成为一个对自己人生负责的男子汉，他会努力找到自己的人生目标。为了使自己全面发展，成长为一个优秀、杰出的成年人，他一定不会给自己的人生添乱。"当我儿子说，他对于电脑的爱好远远超过对异性的好感时，我看到那个本来很沉默的男孩子，对小树竖起了大拇指。孩子心里是非常清明的，家长的担心也许只是担心而已。

第二个问题，"别人家的孩子喜欢自己的孩子，长期发短信骚扰"。这个问题其实反映了两个情况：被喜欢的孩子，一定是有非常优秀的特质，才会对别人产生吸引力。我问孩子："他发短信，影响到你了吗？"女孩坚定地摇头："对我完全没有影响。"孩子的妈妈却说："那孩子发的短信都到了我手机上，已经两年了，对我造成很大的困扰，我不知道该怎么办。"

我看着孩子微笑："你真是非常幸运的孩子，因为你的妈妈对你如此用心，所以外在的诱惑和赞美无法影响你的状态。那个给你发短信的孩子却没有这么幸运。"孩子点头："其实他非常可怜。"

"是的。"我看着女孩子的妈妈，"你知道吗，那个孩子一直发信息，他是在向这个世界发出求救信号。在这个世界上，我们自己做个好妈妈，照顾好自己的孩子，这是远远不够的。你的孩子在社会中生活，孩子总会遇到各种不同的人，会遇到心灵扭曲，对世界绝望的人。汽车爆炸、寝室投毒、相亲杀人……种种的惨案，背后都有一颗缺乏关爱的心灵。如果在他们走上极端道路之前，有人真诚地关心他们,安慰他们,给他们指一条光明之路,也许惨案就不会发生,你同意吗?"妈妈沉默了。我接着说:"我也不知道我的孩子将来会遇到什么。所以我尽力影响身边的人,我希望有更多的人关注到孩子心灵的成长,关注到家庭教育的重要性。我希望在孩子的将来,他离开我的视线之后,也会有人像我一样真诚地关心他,也关心他身边可能遇到的人。这就是我赋予我现在做的事情的意义。"

第二天早上,我正好有机会调查了一下参赛孩子们的情况。我发现,曾经沉默的那个孩子,回去之后很晚没有睡着,第二天也是起晚了,想来辩论赛各方的观点对于他心灵的冲击还是很大的。另一个在辩论赛中被问得张口结舌的孩子,是孩子们中间年龄最大的,他那天早早就头也不回地离场。我没有想到,他回去之后表现得相当失落。他告诉他妈妈说:"这次辩论赛让我发现自己跟别人的差距很大。"他的QQ签名也改成:"再给我一万次机会,我也做不好自己。"年轻人受打击了。我听到他妈妈接着说道:"我非常高兴看到孩子的转变。他以前根本不愿意参加任何活动,只喜欢打球。现在他参加了下午的联导自助学习经验分享会,又高高兴兴参加晚上的辩论会,他已经比以前开放了好多。我很欣赏他现在这样愿意走出去看看的状态。而且他看到别人的表现之后,回来后还能够进行反思,我觉得他真的很棒,对自己有要求。这两点我是非常欣赏他的,也给予他及时的肯定。"

我问他妈妈:"你的孩子昨天在辩论赛时有一个特别闪光的点,几乎关系到辩论赛的存亡,你看到了吗?"他妈妈很茫然,说不知道。我于是详细地告诉他,抽签的时候,孩子们对于正、反方的选择过程。我问她:"你知道这个选择是谁最先做的吗?"回答仍然是:"不知道。"我告诉她:"今天早上,小树告诉我,他们那么快选择成为反方,是你的儿子做出的决定,于是他们三个人在抽签抽到正方的情况下,为了辩论赛的顺利进行,主动选择了反方。"

其实作为孩子妈妈,我们心里都十分清楚,两个孩子都曾经有过对异性朦胧的喜欢。孩子们在没有充分准备的情况下,为了辩论赛的顺利进行,主动选择反方,是为了大局而舍弃了小我。洋洋很清楚这场辩论会是专门为那个沉默的孩子组织的,他知道辩论赛若不能顺利进行意味着什么。我心里非常感谢他的成全,我对孩子妈妈说:"你的孩子非常灵活,你看到了吗?这是真正的领袖素质。因为他事先没有对这个话题进行精心准备,所以才会显得词不达意,但是他对于辩论赛的贡献,可是至关重要的!"孩子妈妈非常开心,表示会转达我对孩子的这一份肯定与感谢。

神经语言程序学（NLP）的十二条信念

有一个周六的"芝麻开门吧"沙龙，美丽端庄的主讲人玉子老师微笑着建议大家玩个游戏。虽然都是成年人，可是提起游戏还是会让人兴奋。我们都用期待的眼神望着她。

"请大家两两一对，互相介绍一下自己的名字、职业、到这里想得到什么？"玉子老师说。

我们两人一组开始介绍。

"我的名字叫一叶一沙，我是个经济师，我来这里想要得到快乐的生活。"我望着坐在我身旁的伙伴微笑。

"我的名字叫水晶，我是个会计师，我来这里是学习亲子关系的。"她也用微笑回应我。

玉子老师说："刚才大家都互相介绍了，那就请各位伙伴向我介绍一下你身边的朋友，好吗？"我们照做了。玉子老师微笑着问大家："刚才有一位伙伴的名字，是不是让大家印象深刻？她说，她的名字是'流芳百世'的那个音，她叫刘方。"

大家纷纷点头，这个人的名字确实是让人一听就能记住。老师又问："有没有人曾经想过要改名字？"这时有好多位伙伴的手都举了起来。

老师又问："有没有人对自己的名字有两种以上的解读？"

看看大家都沉默，我连忙举手。老师对我点头，示意我可以坐着说。"我的名字是'一叶一沙'，以前我不喜欢这个名字，觉得我的生命不过如同一片叶子，非常脆弱而短暂；我的人生也如此渺小，如同一粒细砂，风一吹就不知会落在何处，再也找不到踪影。"我缓缓道来，"现在我相信，'一叶一菩提，一沙一世界'，我很喜欢这个名字。"

"名字只是个符号，本来没有意义。你赋予它什么意义，它才有了意义。"老师微笑点头。这句话引起了大家的沉思。老师又接着耐心解说："这是一句套话，可以用在生活中每一个方面。"我有点儿不明白。也许是看到我不知不觉皱起了眉头，老师开始举例。

"财富本来没有意义，你赋予它意义，它才有了意义。"

"社会地位本来没有意义，你赋予它意义，它才有了意义。"

"夫妻关系本来没有意义，你赋予它意义，它才有了意义。"

"亲子关系本来没有意义，你赋予它意义，它才有了意义。"

这些话，不异于在平静的湖面上扔下了一颗炸弹，惊得我几乎灵魂出窍。多少家庭因为夫妻关系破裂而家散人离，多少家庭因为亲子关系恶劣老无所养幼无所依？多少人日思夜想，孜孜以求无非就是为了财富地位？要是这些都没有意义，那我们来人世间究竟有何目的？老师如何把话题引到沙龙主题："NLP 的十二条信念"，我完全不记得了。糊里糊涂中，把老师给的讲义翻到最后一页。

1. 没有两个人是一样的；

2. 一个人不能改变另外一个人；

3. 有效果比有道理更重要；

4. 只有由感官经验塑造出来的世界，没有绝对的真实世界；

5. 沟通的意义决定于对方的回应；

6. 重复旧的做法只会得到旧的结果；

7. 凡事必有至少三个解决方法；

8. 每一个人都选择给自己最佳利益的行为；

9. 每一个人都已经具备使自己成功快乐的资源；

10. 在任何一个状况里，最灵活的部分便是最能影响大局的部分；

11. 没有挫败，只有回应讯息；

12. 动机和情绪总不会错，只是行为没有效果而已。

我细细地揣摩这十二条信念，用我有限的人生经验中觉得最痛苦的亲子关系来进行解读。

1. 没有两个人是一样的；

——是的，孩子不必跟我对事物有同样的看法，他也不可能跟我一样。他是活泼型的个性，而我是完美型的个性，就连星座都是互相鄙视的一对。他是不被表扬会死星人，我是不批评别人会死星人。

2. 一个人不能改变另外一个人；

——是的，我连自己都改变不了，谈什么改变别人？我妈也改变不了我，所以我也不能改变我儿子。

3. 有效果比有道理更重要；

——太对了，强制让儿子吃蔬菜，他会吃到呕吐；包成饺子，他吃了都不知道。嘿嘿。

4. 只有由感官经验塑造出来的世界，没有绝对的真实世界；

——这个，这个，有点不好理解。嗯，我想起孔子与颜回有一个经典的故事。孔子看到颜回偷偷吃了给老师煮的饭，心里很不高兴，就问颜回怎么回事。颜回解释说，是好不容易讨来点饭，想好好煮给老师吃。结果屋顶上掉了灰在饭上面。怕老师吃了不干净的食物不好，又不舍丢弃，就挖了那点沾了灰的自己吃了。孔子听了以后感叹："眼见犹未为实，何况耳听乎？"所以，大人眼睛看见孩子做的事情，然后给孩子下一个判断，其实这种判断真的不一定是孩子的真实想法。要想知道孩子的真实想法，千万别急着生气，要像孔子一样仔细问一问是怎么回事，给孩子一个解释的机会。

5. 沟通的意义决定于对方的回应；

——这个是我常常会犯的错。往往脾气一上来，只有自己训人的，哪有心情听孩子的回应？更多的时候，只要我声调一高，孩子就吓得话都不敢说。孩子小的时候，我常常大声训他，我以为只要跟孩子讲道理，他就会成为一个懂道理的孩子。可是事情过后我往往会发现，孩子一点儿也没有改变。后来，孩子大一点以后，他亲口告诉我，当我对着他高声叫嚷的时候，他听到的是"汪！汪！汪！"，根本不知道我在讲什么。从此我知道，如果孩子没有听到我说什么，我扯破喉咙也没有用。有一本书上说，当人们心灵的距离很远的时候，才会大声叫喊。当人们的心灵贴得很近的时候，即使是耳边的细语也会听得格外清晰。孩子的听力比我好得多，他能够听出旋律中不同音轨的区别和变化。我只需要靠近他的心灵，即使只是说句悄悄话，他也会给我很好的回应。

6. 重复旧的做法只会得到旧的结果；

——这不必赘言。驴子蒙着眼睛拉磨，天天走的同一条道，不可能走到磨房外面一步。

7. 凡事必有至少三个解决方法；

——这个道理以前不是不知道，但是事到临头，习性总是第一个跳出来，声音不知不觉提高，语速加快，心跳加速。除了用生气、愤怒、流泪、抑郁等低能量的处理方式，似乎还不能随时快速地进入更好的反应模式。虽然我发自内心地决定要"重新做人"已经有4年多，而且一直坚持努力践行，但是仍然会有习性不时跳出来。

爱阅坊的沙龙中，孩子当众给我和丈夫提意见："母亲心情不好时对我说话大声，父亲累时对我不耐烦。"听到这样的意见，我感到孩子对我的尊重，也看到了孩子用词的严谨。他称呼我们为"父亲、母亲"，虽然只是一张小纸条，他却像写信一样认真地先写上称呼。这是孩子心底里的声音。他的陈述表达客观而清晰：母亲心情不好时……父亲累时……他很体谅我们，虽然有"说话大声""不耐烦"等他不喜欢的地方，但他清楚地知道，那并不是常态，那是因为彼时父母已很疲惫，自身情绪不好。

感恩我的孩子，在我成长的路上一直牵引着我，陪伴着我。孩子是成人之父，蒙台梭利博士在100多年前就已经发现《童年的秘密》，可惜我彼时却不知要学习，当上母亲却没有母亲的合格证。不去探索，在旧的行为模式里重复着家族的陈旧传统，伤害了孩子的心灵，折磨自己的人生，还不自知。我想，每一个做父母的，如果真能倾听孩子的心声，真能把孩子放到引领者的崇高地位上，遵照孩子的指示去生活，他们一定会得到他们最想要的一切。到那时，他们的心里首先升起的只有感恩，感恩孩子选择他们成为父母，同时也许还会有惭愧升起吧？

8. 每一个人都选择给自己最佳利益的行为；

——趋利避害，是人的本能反应。

9. 每一个人都已经具备使自己成功快乐的资源；

——孟子曰："爱人不亲，反其仁；治人不治，反其智；礼人不答，反其敬——行有不得者皆反求诸己，其身正而天下归之。《诗》云：'永言配命，自求多福。'"

孟子说："爱别人却得不到别人的亲近，那就应反问自己的仁爱是否够；管别人却不能够管理好，那就应反问自己的管理才智是否有问题；礼貌待人却得不到别人相应的礼貌，那就应反问自己的礼貌是否到家——凡是行为得不到预期的效果，都应该反过来检查自己，自身行为端正了，天下的人自然就会归服。《诗经》说：'常思虑自己的行为是否合乎天理，以求美好的幸福生活'。"中华文明传承的这个理念，换句话说："要想自己成功快乐，靠自己就足够了。"

10. 在任何一个状况里，最灵活的部分便是最能影响大局的部分；

——仔细想一想我与儿子的关系、我与大树的关系、我与父母的关系、与朋友的关系，在经历过的所有困境和冲突之中，能够先停下来的那个人，就决定了结果的走向。

11. 没有挫败，只有回应讯息；

——去做任何一件事情，只会有两个结果：如我所愿，或者不如我所愿。如我所愿就是成功；不如我所愿，就会让我成长。

12. 动机和情绪总不会错，只是行为没有效果而已。

——我与小树相处冲突不断，我只想做个好妈妈，却总是因为他没达到我的要求而烦恼，其实这些都是很正常的动机和情绪反应。但这些正常状态，并不能必然导致我会采取有效果的行为。

幸好有"芝麻开门吧"这样的学习小组，让我有机会打开知识的窗口，了解到自己从未接触过的 NLP！我暗自庆幸，把十二条信念看了又看，如醍醐灌顶。

学习"彼岸·爱阅坊"

周六的活动时间空闲下来,我约了洋蓝一起读书喝茶。我骑自行车七点钟赶到"芝麻开门吧"的时候,飞洋和洋蓝早就已经在那里了。我们三个人都对孩子们周三的沙龙表现感到非常惊喜。一方面是因为听孩子们的分享和讨论,我们大人都非常有收获;另一方面是孩子们临走之前还吵着要求我们再组织一次辩论赛,我们感受到了孩子们对这里发自内心的喜爱。我们三个人很需要一起好好探讨"芝麻开门吧"的未来发展道路。对于这个话题,以前其实也以沙龙的形式讨论过几次,却没有达成共识。我想我们单独沟通这个话题可能会取得更好的效果。

洋蓝是我的多年好友,她比我先一年进公司,我们俩做同事已经18年了。洋蓝的丈夫飞洋对我总是非常客气尊重。他坐在我对面,笑着对我拱手为礼:"你真是我们的贵人。幸亏你带她读书,影响她。她改变了,又影响了我。我也改变了,我们的孩子也就变了。幸好我们有了'芝麻开门吧',才结识了爱阅坊的掌柜们,结缘力量之源,认识了更多的贵人。"我望着他开心地笑:"我只是你们的缘。如果没有你的支持,哪里会有'芝麻开门吧'?"

第一次来参加沙龙的伙伴总是会好奇地问:"这是你的家吗?"我总是会诚心诚意向大家介绍飞洋和洋蓝夫妻俩:"这是他家的工作室,免费提供给我们作为活动场地。"洋蓝就会回答说:"这只是我们租的房子,也是大家共同的家。"

每一次沙龙,飞洋都会提前打扫卫生,准备好茶水零食,沙龙结束后他们又和我一起留下来清洗茶杯,整理桌椅。我很感动于他们的付出,从来不敢说自己是"芝麻开门吧"的创始人。若没有他们的支持,"芝麻开门吧"可能现在仍然是一个梦想而已。我们一起回忆去年的第一场沙龙,仍然能清晰地回忆起那份满足和喜悦。

当时我只是想要借个餐厅之类的地方，让大家可以坐一坐，喝喝茶，聊聊书，聊聊天。洋蓝主动告诉我，她丈夫的工作室周末休息，可以做我们的活动室。得知这个消息，我心中的惊喜和感恩无以言表。现在回顾"芝麻开门吧"这几个月的沙龙活动，我们的心里都充满了喜悦与感恩。

最开始到来的黄巍老师给我们极大的支持，带我们做现金流的游戏，带我们一起去省图书馆听《性格色彩》公益讲座。年底时我们组织三个家庭一起去宁乡灰汤泡温泉、登东鹜山，给家人互相颁发"幸福家庭建设奖"，玩得特别开心。春节过后，我的中学同学薇薇安听说我有个读书小组，很热情地带我来到了公益书吧——彼岸·爱阅坊。

我抱着学习取经的心态参加"彼岸·爱阅坊"的晚间沙龙，没想到书吧的大掌柜竟然事先已经知道我和"芝麻开门吧"。她热情真诚的笑容深深地打动了我，她那诚意邀请的口头禅："常来啊，常来！"也让我很动心。那一次沙龙的主讲是湖北荆州"彼岸·爱阅坊"的创始人高君老师，他和他们的伙伴也是因孩子的成长而开始读书学习。他是常德人，算是洋蓝的老乡。我惊喜地发现"爱阅坊"和"芝麻开门吧"有很多相似之处，感到自己真是找到组织了。

3月初我把"芝麻开门吧"的伙伴们都介绍到"彼岸·爱阅坊"，大掌柜夫妻和二掌柜于百忙中抽空热情接待了我们。小伙伴们看到掌柜们精心建设了一个如此美好的心灵花园，都非常惊喜赞叹。3月底"彼岸·爱阅坊"举办了成立一周年庆祝沙龙，大树先生和我一起前往观礼。通过观看PPT，我们了解到爱阅坊的成长历程，还了解到全国很多城市都有这样的学习沙龙，形式虽然不同，却有着同样的开心和喜悦。周年庆沙龙结束的时候，大掌柜把一束蓝色的"毋忘我"转赠给我和"芝麻开门吧"。我没有推辞，道谢之后毫不犹豫地接过花束和曾发平博士一起离场。曾博士虽然是两个上市公司的老总，却非常平易近人。他主动跟我们聊天，他不仅知道我公司的名字，还跟我公司的几位领导都很熟。更重要的是，曾博士也是常德人，我还觉得他跟飞洋长得有点像呢。我开心地感叹，这世界真是小啊。

第二天，我把这束花带到"芝麻开门吧"，把它当成一份爱的传承。"彼岸·爱阅坊"在长沙最繁华的五一路有专门的活动场所，有一整面墙的图书，有投影和音响设备，有很多参加沙龙的志愿者。而我们那时什么都没有，只有一群爱读书的人和一处租借来的场地。可我并没有在意"爱阅坊"和我们之间的不同，我觉得"芝麻开门吧"与"爱阅坊"是走在同一条路上的，只是他们觉悟得更早一些，设施更完善一些，这并不妨碍我们之间的学习和交流。做公益没有标准，我们只要尽自己的力量就好。我一直是这样想的，也跟丈夫交流过我的体会，他也很支持我的想法。

我跟飞洋、洋蓝多次商量过活动的时间和频次，为了更接近我们的梦想，现在我们的活动已经改为每周一次，沙龙时间也固定于周六晚上进行。明白了我想要的这个学习小组的主题："学习做开心父母，用心养快乐孩子"。每一个加入QQ群的朋友，我都会发一段欢迎辞：

> 芝麻开门吧，学习做开心父母，用心养快乐孩子！欢迎新伙伴！
> 群名片建议改为：城市—实名
> 我们都是为了互相学习，共同探索而来的，感恩有您！
> 群共享有学习资料，欢迎查看
> 每周六晚上七点钟聚会，地点：河西潇湘大道天马路口，公交106、202或63路在天马山东下车向"九樽饭店"方向。
> 欢迎您和您的朋友入群学习，附言为实名。
> （注：我们所说的这个孩子，并不仅是你已有的孩子，也意味着修复你自己的童年。）

以上这一切，都只是我一个人的想法，我想到就做了。我觉得"芝麻开门吧"的活动，只要我们量力而行，能够坚持，就已经很好。我没有想到的是，洋蓝和飞洋的想法跟我略有不同。他们也很想通过自己的付出把"芝麻开门吧"做得更好，觉得要向"彼岸·爱阅坊"学习，不仅要学习他们的组织形式，也要学习他们活动场所的布置风格，希望能够达到参与人数更多的效果。要知道"彼岸·爱阅坊"的沙龙每次都有50多人参加，而我们的沙龙一般只有10来个人参加，人最少的一次就只有我和飞洋两个人。李帅也建议过我们要广为宣传，参加和了解沙龙的人数多，讨论和学习起来会更有气氛。为了达到他们心目中理想的"芝麻开门吧"的样子，他们自己掏钱为"芝麻开门吧"的活动场所添置了白板、书架、水壶、风扇，还拆掉了一面墙陈列的所有商品。我当时很感动他们的付出，却没有理解到他们对"芝麻开门吧"还有些许的不满意。这一次约了他们俩，我就准备好好听听他们的想法。

伙伴们想要的"芝麻开门吧"

洋蓝本来希望活动时间改在周三进行,我问她:"你觉得定在工作日的晚上,或者周末的晚上,哪一种更方便想来参加的伙伴呢?"她说:"我本来想周六晚上陪伴寄宿后只回家休息两天的儿子,他今年初三,以后想陪他的时间会越来越少。可如果沙龙在周六晚上九点或者九点半结束就完全不会有影响。"我听了很开心。

洋蓝又说:"我们这里要以孩子的教育和家庭幸福为主题,因为我们这个年龄的人,本来就需要面对这两个课题。其实夫妻关系就是孩子成长的重要环境,夫妻关系好了,孩子自然就会好。"我听了频频点头,更加开心。

飞洋对我说:"我以前觉得我们这里来的人太少,现在我不这么想了。我连续几次去参加长沙市图书馆的活动,他们也都只有二三十人参加。《长沙晚报》天天帮他们打广告,还在群里发消息,面对全长沙市的市民广泛宣传,都只有这么多人参加。那么我们这里的活动参加人数已经是很好了。"我听了他的话,高兴得嘴角都快要扯到耳朵根了。飞洋是有着大梦想的事业型男人,他自己放下这个念头,真是让我很惊喜。

最后洋蓝问我:"我说了这么多,这些是我和丈夫飞洋达成的共识。(元芳)你怎么看?"

我笑答:"大人,我们真是不谋而合啊!我的孩子放学后很喜欢有我的陪伴,他跟我有好多话要说,所以一般情况下我不会参加工作日晚上的任何活动。即使是'彼岸·爱阅坊'的沙龙活动,我也不会每期都参加。沙龙能够在周六晚上七点至九点进行,我觉得符合我们这附近上班族的需要。我也曾思考过如何增加来参加沙龙的人数。我想,初次来的朋友可能是因为好奇,也可能是对发出邀请的人有一份信任。如果第二次、第三次都能坚持来,一定是他自己有所收获。我一直觉得人家来不来并不重要。如果人家愿意来，必然是人家自己想要来；人家不来，必然也有人家不来的理由。我们只要把自己能想到要做的都做好，就足够了。我们自己坚持学习和实践，生活变得更美好，也会影响身边的朋友，自然会吸引到志同道合的人。我们初创不久，即使有很多不成熟、不完美的地方，那也只是成长中的问题，不足为虑。"

洋蓝点头同意，接着问道："9月份我们的活动准备如何进行呢？"

我是有备而来，从容说道："从9月开始，我准备系统地读书。我们这里本来是以读书为主题，希望能够尽早开始落实。我觉得请外面的专家开讲座，不如自己精选经典名作认真学习。教育领域的名作，都是作者几十年的学习实践过程中积累沉淀的精华，又经过数百万读者的筛选，这样的书是值得长期学习的。我想跟大家分享教育家杨文老师的《和儿子一起成长》。建议你们两位也从自己最喜欢、感悟最深的书里面选一本和大家分享。活动形式为一人主持，一人主讲。主讲人先分享30分钟，之后请大家分享或者讨论，有课题也可以进行探讨。主持人就帮着张罗茶水，控制节奏和时间，保证沙龙顺利进行。要确保每个参加沙龙的人都有充分的发言机会，每一次活动效果会因为来到的人不同而有所不同。"

洋蓝听了我的话也很喜悦："本来我对做主讲有些为难，听你这么说我就不担心了。那么我最喜欢的书是孙瑞雪的《爱和自由》，我就来讲这一本书吧。我还是有点缺乏信心呢，不知能不能讲好。"

我笑了："'学而时习之，不亦乐乎'，只要你觉得快乐就足够了。"飞洋说："你肯定没有问题，当着那么多领导都能讲好。我感受最深的是《爱上双人舞》，如果我来讲，就讲这一本吧。"我听了非常喜悦。要知道，飞洋为了克服当众讲话的困难，曾经想去上卡耐基的演讲课程。我感到由衷的喜悦："这样真是太好了。只要我们能够带头分享，大家也可以在这里敞开心扉。我们只是讲自己如何做的，有何感受，又有什么讲得好不好呢？我们这里最可贵的就是真诚的态度和面对不同意见时的淡定和尊重。我们的沙龙从最开始就是拥有这个特点的。"

洋蓝也非常赞同我的意见。她满脸笑容地告诉我："最近我完成了一个大项目，代表设计团队向专家们做了项目技术报告。本来我担心自己会很紧张，结果整个过程非常顺利，一点也没有紧张。这都得益于常在沙龙中分享啊。"

我也笑了："确实是这样。"洋蓝以前看到领导都是绕着走，现在能够对一群领导侃侃而谈，真是士别三日当刮目相看。"现代社会每个成功的人都要有良好的沟通和表达能力。我最初想要以沙龙的形式活动，也是看到了有这样的好处。邀请孩子们来参加沙龙，也是想给他们一个当众练习口才的机会。"

洋蓝笑着点头，说："大树也来讲一本书吧，听他说《真爱婚姻》有那么多感悟，我也想听听他的分享。那本书我还没有看过呢。"

我说："这个建议我要回去问问他。我估计他会很愿意来分享，只是近段时间他的工作量特别大，不一定能保证时间。上周三孩子们的沙龙他接了电话就出去处理公务了，快结束时才赶回来。我不知道他的分享能不能保证不被工作打断呢。"

飞洋说："我们要不要请大掌柜、二掌柜他们前来分享呢？"

我说："那当然好了。只要他们有时间来，我们的沙龙内容可以随时调整呀。"

飞洋点头说："嗯，大姐夫也很忙的，经常出差，要是他能来，我们提前两天通知就行。"

接着我们又商量分享的次序，我一贯喜欢做第一个吃螃蟹的人，想想还有一周的准备时间，就说："第一周我先来吧。"洋蓝考虑了一下，问她的丈夫："要不你第二周来？"飞洋看上去有点儿紧张，略略迟疑了一下，笑着说："好，我也挑战一下，我就第二周来讲吧。"飞洋平时在沙龙里总是要等到最后才肯发言，如今行事风格也很不同啦！我笑着调侃他俩："我看到你们俩相敬如宾呢。"他俩也笑了。洋蓝告诉我："送儿子去寄宿的时候，孩子告诉妈妈，他认为父母之间的关系非常好，是不可能离婚的。"啊，我的心真是被巨大的喜悦包裹着，都不知道要如何形容。我记得去年夏天的时候，洋蓝还在为她的婚姻状况感到非常苦恼。飞洋告诉我，那时他们一家人整天互相都不说话。而现在，夫妻之间、父母和孩子之间，总是有说不完的知心话。我很开心他们告诉我这些美妙的变化。即使我已经深深体会到学习和成长给生活带来的喜悦与幸福，我也还是很喜欢听到我的朋友跟我分享他们的体验。

我告诉飞洋和洋蓝，我理想中的"芝麻开门吧"有点接近"戒酒无名会"*。我在读《意念力》（〔美〕大卫·R 霍金斯著）这本书的时候了解到世界上有这样一个了不起的群众团体。

它没有名称，没有任何组织形式，也没有任何财产。即使是成功地帮助很多人戒除酒瘾的"十二个步骤"，也仅仅作为建议提供给大家。它是社交性的，符合精神需要，并且是非宗派的。要加入这个团体，戒酒的愿望是入会的唯一条件。会员不分男女，彼此交流经历、互相支持、互相鼓励，努力解决共同的问题并帮助他人戒除酒瘾，恢复健康。不收会费或费用；不与任何宗派、教派、政治势力、组织或机构结盟；不介入任何纷争，既不赞同也不反对任何事业。组织的主要目的是保持滴酒不沾，并帮助其他嗜酒者获得清醒。会员发表的所有观点纯属个人见解，所有成员都只代表自己发言。

戒酒无名会是两位曾经嗜酒，后来又成功戒除酒瘾的男士为面对面解决醉酒问题而成立的。他们依据自身的经验，开始帮助其他嗜酒者戒酒，这个组织对于治疗酒瘾取得了良好的效果。1951年，美国公共卫生协会授予戒酒无名会著名的"蓝斯克奖"，以奖励这个协会"在将酗酒作为一种疾病加以治疗和消除社会对其抱有鄙视态度方面所取得的成绩"。虽然它并不被标榜为解决酗酒问题的唯一途径，但经常是在其他戒酒方法失败后，戒酒无名会的戒酒方案却能够奏效，以至于现在医生们是自己社区中最积极的戒酒无名会戒酒方案倡导者。

我说："我想要的芝麻开门吧，沙龙活动中每个人都是自愿以独立身份来出席，彼此之间是互相给予充分尊重的朋友关系。即使他们之间本来是夫妻、亲子或者其他关系。在这个半私密的场合，我们需要练习的是表达全然的尊重、理解、支持、信任和成全。我们欢迎老人和孩子都来参加沙龙或者户外活动。我们的户外活动的特点是会邀请夫妻一起带着父母、孩子来参加，这是因为我们的活动不仅仅是去度假或者游玩，更是为了让孩子们在真实的生活中看到父母如何对待长辈、同辈和晚辈，要创造条件让孤单的独生子女们在相处中体会'孝、悌'之道。我们两家都需要努力学习精进，这于己于人都很有好处。"

洋蓝听了似乎有些动心，问道："我们如何精进才好呢？"

我说："我想一个是要多读好书，同时好书要精读。一本书若没有读过三次以上，等于没有读过。再一个就是做到'真爱'。我们通过在沙龙中练习呈现真爱，首先要做到把真爱给予自己的配偶、孩子、父母、亲人。如果不能真爱自己的家人，那么对待朋友同事也是不可能有真爱的。"

洋蓝微笑点头，很开心地与我分享她主动与大哥和大嫂沟通，融洽大哥大嫂夫妻关系的经验。我听了很佩服她的决心和毅力。当她主动每天跟嫂子沟通，十多天都没有得到回应，她还是一直坚持。最后，终于感动到嫂子给她回短信。大哥也因为她的劝说，改变了对待自己妻子的态度。我听到她告诉我这样的消息，真是非常欣喜。她的行为照见了我遇事总是不够主动，遇到困难就退缩的缺点。我很感恩有她的陪伴。我笑着认真地对洋蓝说："你是家族的拯救者。"洋蓝却谦虚地摇头："大哥为我们付出很多，像大山一样，是我们姊妹们的依靠，我真心希望他生活得幸福。"

开心地聊着天，时间很快就到了9点，窗外每周一次的礼花"隆隆"地响起，又不知不觉地停了。洋蓝带我从负一楼出来，指给我一条离家更近的路。我开心地骑着自行车，急着去药店给大树买药。他今天又忙了一天，胳膊都酸痛了，嘱咐我给他买膏药回去贴。想到回家可以陪伴他和孩子，还要向大树汇报我们商量的情况，我的车骑得风快。

---

* 戒酒无名会又译作嗜酒者互诫协会，创办者一人是纽约的一名证券经纪人威尔逊（William Griffith Wilson, 1895–1971），另一人是俄亥俄州外科医生史密斯（Robert Holbrook Smith, 1879–1950）

体验系统排列

飞洋约我晚上和"彼岸·爱阅坊"二掌柜夫妻俩一起喝茶,想探讨一下"芝麻开门吧"是否要加入赤道系统的课题。我第一反应是"去不了",因为我原来的计划是在家陪儿子学习。昨天他的数学作业得了这学期第一个 A+,正是需要好好鼓励和陪伴他再接再厉的时候。飞洋却坚持不肯代表我,左劝右劝非要我去不可,我只好答应前往。

晚上冒着霏霏细雨赶到"芝麻开门吧",看到余老师他们三位正站在客厅里聊得很开心。我放下背包,这才发现骑车过来的时候雨水已经把裤子浸湿了,贴在膝盖上凉凉的。

欧阳老师告诉我,他们刚才为飞洋做了一个排列,呈现了他与金钱的关系。当时他们还想着我要是能早点来就好了,就可以在排列中代表洋蓝,看看在飞洋的家庭里妻子与金钱的关系是什么样的。我笑着说抱歉:"真不好意思,我的碗才洗了一半,接到飞洋的电话马上赶过来。路上风大,我撑着伞骑一段,走一段,花了不少时间才到。"我很遗憾不知道老师们来得这么早,要不我会吃过饭就直接过来了。

飞洋说,他与金钱的关系里面呈现了恐惧的情绪,这也许是飞洋经营公司多年却一直不是很富有的原因之一。欧阳老师笑着说:"钱是非常有灵性的物品,会被德行感召而来。余老师与金钱的关系在排列中显得非常融洽,金钱和余老师的两位代表会远远地奔过来拥抱在一起。"余老师做专业的投资人,确实是非常富有而又慷慨。"彼岸·爱阅坊"最初在宾馆举行公益沙龙活动的费用都是余老师独资承担的。欧阳老师笑着说:"我们夫妻俩虽然都是做公益,却还是有着微妙的分别:一个是'法布施得法',一个是'财布施得财'。"

我笑着问飞洋:"你要那么多钱做什么?"飞洋说:"钱多当然好啊,可以多做些公益啊！""那倒是。"我同意他的观点，接着问欧阳老师："我听说用杯子什么的都可以做排列，是这样的吗？""是的，杯子可以，小物件也可用，白纸都是可以的。"欧阳老师看出来我对排列也很感兴趣，就问我有没有想探讨的课题，我回答："我想知道'芝麻开门吧'未来的发展和它与赤道系统的关系。"老师决定陪伴我用白纸来做个组织系统排列。

在此之前，我只了解过海灵格先生的"家庭系统排列"，并没有接触过系统排列在组织系统中的应用。欧阳老师简单地介绍了一下：组织系统排列是从微观入手，把个体的心理状态作为切入点，来发现解决组织系统内部的问题。探索组织、部门、团队里强大的但隐形的结构，寻找其中的规则和原理而产生解决方案。我和飞洋对于"芝麻开门吧"的发展有一些困惑，不知道要怎样才能使更多的人因为我们的付出而受益，这也是我们共同的课题。欧阳老师询问谁来做案主，飞洋坚定地推荐我来做案主，我愉快地答应了。欧阳老师告诉我们，排列并不能预测未来，却能让系统的动力变得清晰，让大家认清系统障碍，支持新的解决方法的出现，还有助于释放出潜在的资源，顺利进行团队工作。

大家在会议桌前坐下，欧阳老师指导我们把桌子清理干净之后，带着我们一起闭上眼睛呼吸放松，做感恩祈祷。睁开眼睛之后，欧阳老师问我，我们四个人这样坐着，你感觉怎么样？我看了看大家，欧阳老师、飞洋、余老师、我，四个人按顺时针方向在桌旁落座。我觉得心里有点想去坐在欧阳老师右手边的冲动，就站起来说："我体会一下。"果然，

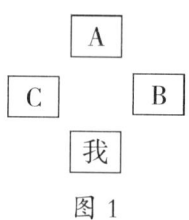

图 1

我从余老师、飞洋背后经过的时候，都没有什么感觉，最后走到欧阳老师旁边坐下来，觉得比较舒服。欧阳老师给了我一张白纸，让我写上自己的名字，我照办了。她又给了我三张白纸，上面分别写了"A、B、C"。她让我把写了自己名字的纸和另外三张纸一起排列一下，看看摆成什么样子感觉比较好。我看了看它们，试着摆成了图 1。

欧阳老师问我："你确定这样摆感觉好吗？"我点了点头。她又问飞洋和余老师："你们感觉怎么样呢？"他们的意见却都不同。飞洋把 A、B、C 三张纸片摆成一排，单独把我放在最前面的中间位置。我不喜欢，说："那不好，太舒服了"。欧阳老师问飞洋："你的排列中'我'和后面的'A、B、C'的朝向是怎

么样的?"飞洋回答说:"都是朝前看的。"欧阳老师又问我:"你的排列中的朝向呢?"我回答:"是围在一起的。"她又问飞洋和余老师,对于我做的排列中各代表朝向的看法,他们都觉得不是围坐在一起,而是朝前面看。我解释道:"我开始也觉得是有前后的,但是后来觉得围坐在一起感觉更好。"听了我的话,他们都点头表示可以接受。

欧阳老师继续问我:"把'A'拿掉感觉怎么样?"我试着把"A"移开,发现那一块显得空落落的,就回答说:"拿掉不好,还是放在那里比较好。"

欧阳老师的问题一个接一个:

"你感觉 A 和你的关系怎样?"

"它对我挺好的,在对我笑。我觉得把它放在最前面,有一个引领的作用。"

"B 和你的关系怎么样呢?"

"它对我很好呀,有一种心动的感觉。"我看着 B,很喜欢它,很欣赏它,心动的感觉很像上次站在掌管几十亿慈善基金的贺女士身边的感觉。

"看到 C 你有什么感觉?"

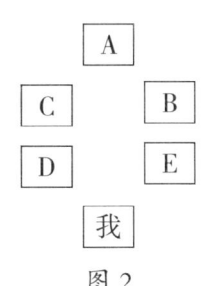

图 2

"它很包容我。"我看看它,觉得它很像一个将要圆满的"○"。

欧阳老师又给我两张写了字母的纸片"D、E",要我加入排列中去。

我把它们排成了图 2 的样子,告诉老师:"就这样就可以,我把它们摆成一个飞机了。"

余老师觉得把"D"和"我"紧紧地挨着,感觉比较好。我试着摆了一下,觉得不喜欢:"有些不透气。"

欧阳老师又问我:"加入 D、E 以后,A、B、C 有什么变化吗?"

"我觉得对于它们是有力的支撑。"

"B 和 E 的关系怎样?"

我看了看它们:"它们俩是一伙的。"

"E 和 C 的关系呢?"

"它们是一样的,同一种性质。"

"你和 E 的关系呢?"

"它好像在哭啊。"我看着 E,觉得它有点愁眉苦脸的。

"它在哭吗?"欧阳老师惊讶地又问了一遍。

我仔细再看了看"E",弯弯的线条看上去不那么像哭了,渐渐有些微笑的感觉:"现在好一点了。"

"你和 D 的关系呢?"

"它好像很有学问的样子,它不想理我。"

"D 和 E 之间的关系是怎么样呢?"

"它们关系不好,互相不搭理。"我想了想说,"它们之间也许是有一种疏离的爱吧。"

欧阳老师忍不住笑了,她询问飞洋和余老师对这个排列的感觉,并且让他们也可以按自己的想法排列一下。他们仔细看了以后,都对这个排列感到满意。欧阳老师宣布排列结束,向大家揭晓了"A、B、C、D、E"各纸片所代表的意义。A 是"涵德大公益赤道系统",C 是"芝麻开门吧"。我们一起讨论了我感觉到的纸片间的关系和被代表的真实事物之间的关系,发现我的感觉与实际情况非常吻合。B 代表飞洋,他常常去"爱阅坊"交流学习,关系确实走得近,我刚才看着纸片时的感觉是:"它们是一伙的。"D 代表"更多可能性",E 代表"彼岸·爱阅坊",选择其一就不能选择另一个,它们之间的关系确实是互相排斥的。我也想起来,我头几次去"彼岸·爱阅坊",都遇到有人哭,难怪我觉得"E"像在哭呢。这是我第一次体验到身体的智慧,觉得真是太神奇了。

欧阳老师微笑着说:"你呈现的排列很圆满。"看到我不解的目光,她耐心地解释道:"在所有的排列中,如果代表们最终呈现的是一个手拉着手的圆圈,意味着系统中每个人的位置都得到了尊重,也意味着关系的圆满。刚才的排列中,不管我给你多少个纸片,你都会把它们排成圆圈,说明你的心灵是很通透的。"听她这样说,我也很高兴。

我知道,家庭系统排列中的案主若将排列现场所呈现的良好秩序记在心里,可以使这个课题向好的方向发展。我想,系统排列既然可以为"芝麻开门吧"这个小小组织解决困惑,那么用在具有经济实体的企业发展上不是能起到更大的作用吗?若用这样的方法,帮助我所在的企业认识到需要调整的关系,探索更好的发展思路,实现企业经营目标,那可真是太好啦。我很想对这门学问有更多一些深入的了解。

减压密码

生活中常常见到女人们最喜欢凑在一起，聊聊家长里短，打打麻将或者跳舞逛街旅行，甚至连上个卫生间都要约着一起去。长沙的各种 QQ 群活动或者知识性的沙龙聚会也多半是女人为主，即使是亲子群里的活动，也常常看不到父亲，母亲带着孩子参加的情况最多。

我曾经对此感到困惑："男人到哪里去了？他们真的那么忙吗？"让我引以为骄傲的是在"芝麻开门吧"，爱学习的男士们只要有时间都会常来参加。这也让黄老师欣喜地评价说："有女人才能成事，有男人才能成大事。"可是即使这样，每次参加沙龙的女性仍会略多于男性。她们高高兴兴地来，依依不舍地走，常有人会说"下次我要带老公来"，却未必能做得到。

参加过沙龙活动的男人们细心观察后发现，经常参加沙龙的女人们精神面貌都发生了一些变化，变得更漂亮、更温柔了。常听到伙伴们的反馈和分享，他们的家庭关系也变得更加和谐，矛盾和冲突发生的频率下降，对情绪的不良影响也减小了。他们都说："'芝麻开门吧'的放松和减压作用是显而易见的。"

我给儿子买了本科普读物《冷浪漫》（科学松鼠会著），这书是北京市科委科普专项经费资助项目。读到《来自金星的和谐》这篇文章时，我很欣喜地了解到"芝麻开门吧"读书交流能产生良好效果的科学依据。为什么这么说呢？先卖个关子。这篇文章的作者圆儿，是美国普林斯顿大学计算神经学博士，先让博士来科普女性的友谊吧。

"早在 1998 年，心理学家在研究挪威大鼠的时候发现，如果将母鼠五个一组地喂养，要比单独喂养的寿命长约 40%。"研究人员通过对灵长类动物的研究发现，雌性动物互相为伴的行为更加明显。黑猩猩和矮猩猩是近亲，雄性黑猩猩对雌性比较暴力，而矮猩猩的雌雄关系比较"和谐"。很多项研究表明，这种现象有一大部分原因是雌性黑猩猩之间的友谊没有雌性矮猩猩之间的强烈。换言之，因为矮猩猩姐妹们关系好，所以矮猩猩丈夫们对妻子更温柔。

"而人类社会中也有类似的统计数据。1987年一份巴布亚新几内亚的报告指出，有些省份的家庭暴力率高达97%，而一个叫Wape的部落的家暴程度却低很多，究其原因，专家发现，整个部落的女性之间关系非常密切，这让女性在家庭和经济方面的地位得到了提升，并有效地降低了家庭暴力。"

"不仅如此，女性友谊可能对缓解压力也起很大作用。"研究者对于田鼠、松鼠猴的研究项目中都有类似的发现。"人类也是如此。早在20世纪50年代，就有心理学家做了测试。他们发现，在压力之下男性更愿意和陌生女性（异性）结伴抵抗压力，而女性则倾向于和陌生女性（同性）结伴。女性和陌生男性在一起的时候，反而会更紧张、压力更大。"女性和男性在社交、缓解压力等行为上也有着显著的不同，女性友谊的起源和在进化上的意义也可能比我们想象的更加深远。

我们在沙龙活动里与陌生人一起聊聊生活中的压力，确实能获得"放松、减压、补充正能量"的效果。鉴于科学家们的发现："在压力之下男性更愿意和陌生女性结伴抵抗压力，而女性则倾向于和陌生女性结伴。"让我们常常来"芝麻开门吧"交流和分享吧，在这样的公益性活动中，男性和女性都能找到抵抗压力的伙伴，又能得到和谐的家庭关系。在这个学习小组中，爱学习的伙伴们综合素质高，知识面广博，可为良师，可为诤友，他们的友谊值得终身拥有。

真没有想到，"芝麻开门吧"无意中打开了祖先在我们的基因中埋下的减压密码。

爱的益友

> 我们求学最难得的是诚恳的良师与和爱的益友。
>
> 做学问全赖自己，做事业也全赖自己，与资格都无关系。我时常想，做学问，做事业，在人生中都只能算是第二桩事。人生第一桩事是生活。我所谓"生活"是"享受"，是"领略"，是"培养生机"。假若为学问为事业而忘却生活，那种学问事业在人生中便失其真正意义与价值。因此，我们不应该把自己看作社会的机械。一味迎合社会需要而不顾自己兴趣的人，就没有明白这个简单的道理。
>
> ——《给青年的十二封信》朱光潜

2013年的一个夏夜，晚上7点钟是"芝麻开门吧"聚会的日子。群里面的知心姐姐惠大姐提前一天就给我电话，告诉我她要来参加我们的活动。惠大姐住在长沙城的东北角，我们所在的地点是长沙城的最西南，她穿越整个城市来到我们这里，只是为了参加这样一个两三小时的沙龙。惠大姐六点五十就已经到了，当她打电话给我，告诉我她找不到"芝麻开门吧"的时候，我刚刚在九樽饭店前坪停好车。经验告诉我，她一定是进错了单元门。果然，她一会儿就从饭店那边的单元门里出来了。我们一起开心地上楼，到达"芝麻开门吧"。

惠大姐惊讶地告诉我："我以为'芝麻开门吧'是你家！"我笑呵呵地告诉她："这个场地是一位朋友免费提供的，还给了我房门钥匙，可惜他们今天有事都不能来。"正和惠大姐聊着，提前来帮忙烧水的涛涛跑过来告诉我："沙沙姐，水好像已经烧好了！"我走进厨房一看，果然三个水壶都是满满的，摸上去还有一点余温。水壶下压着一张纸条，两行秀美端庄的字迹："沙沙姐，水是今天烧的，你们来了就可以喝。彩霞。"看到落款这个名字，我心中有一份深深的感动。她是飞洋公司里的员工，今天本来是她休息的日子，她却细心地为我们准备好了开水，真是太感谢啦！给客人们送上凉好的开水，我感受到平日飞洋对"芝麻开门吧"的用心。

一边等待朋友们的到来，一边把今日话题抄写在白板上面，满满地写了一板。话题来自网络："我们不难见到那些样貌品格俱佳的女人缚不住男人的心。而男人分手的理由都离不开'你为我而改变，对我太好，同时给我太大压力，因为我不会为你改变，你去找比我更好的男人吧'。"这个话题曾在群里引发热烈的讨论，不知今天在沙龙里抛出来，会不会有什么奇迹发生？

小苏姐姐是启明堂主的夫人，他们夫妇俩关掉赢利的公司和培训学校全心投入国学的公益推广，是我十分佩服的一对伉俪。尤其是小苏姐姐对丈夫说话时那份温柔可人，连我听了都要动心呢，她是我学习的榜样。小苏姐姐平日里话很少，今天却率先发言："这个话题里面，所谓'样貌品格俱佳'的女人，她的样貌是不是上佳，各人的喜好不同，会有争议。可是如果她的品格够好，是不会失掉她的男人的。如果她失掉了，一定是她还做得不够好。"

小苏姐姐是非常成功的女性，也是深得国学真味的智慧女人。她的信念是"行有不得，反求诸己"。我明白她是对的。可是，如果一开始就找到了正确答案，今天的话题就没法展开了。我想了想，澄清道："这个话题，并不是我的经历，而是生活中存在的一种现象。我和朋友一起吃饭时曾听说有这样一位女性，自己有一份很好的工作，勤奋敬业，对丈夫的父母、姊妹和自己的孩子都尽心关照，无私奉献，行为处事符合传统的'贤良淑德'女性规范。可是她的丈夫却长年在外与第三者勾搭，长期的、一夜情的都有。等孩子考上大学后，她以50多岁的年纪与丈夫离了婚。对于这样的女人，她哪里做得不对？为什么她得不到幸福的婚姻？"

大家都对这个女人的人生课题很感兴趣，自己身边也有这样的例子。大家纷纷参与了进来。

惠大姐说："如果女人足够优秀，男人会有所忌惮，不会轻易受到外界的诱惑。如果他真的不懂得珍惜，我相信自己也会拥有自己的幸福。"自信美丽的惠大姐的发言赢得了大家发自内心的掌声。

惠大姐微笑着接着说道："话题中的男人娶了一位优秀的女人，他的压力可能是来自女人以爱的名义去操控。爱是无限量的包容和尊重，也包括男人的坏习惯和外遇。有些女人遇到这样的事情,心胸十分宽广,会选择包容丈夫拈花惹草的行径,比如希拉里。"

这观点一提出来,在座的女性朋友群情激愤,反应很强烈。她们都说:"如果男人不忠诚,女人何必要包容?那不是纵容吗?如果男女平等,那么是不是女人也可以不忠,男人来包容?"

我想起自己年轻时听说过的一个故事。故事的男主人公和女主人公,曾经是一对校园恋人,男人才华横溢,相貌堂堂,女人聪明能干,小鸟依人。为了在一起,他们拿到大学毕业证的那一天,两个人共同决定要去异乡打拼,而不是选择在毕业季分手。这样的爱情不可谓不认真,不可谓不珍贵。可是当他们事业有成,有车有房有孩子之后,男人的一夜情被女人抓了现行。女人勃然大怒,坚决要求离婚,而男人则选择带着孩子净身出户。年轻的我当时也坚定地认为女人没有错,离婚是她唯一的选择。可他们离婚之后很多年,男人一个人带着孩子打拼,生活上努力做个好爸爸,工作上努力开创自己的事业。他再没有与第三者联系,也没有再找女友结婚。我们看到的他,仍然是当初那个意气风发、好学上进的优秀男人。时间长了,女人原谅了他,想要复婚,却被他拒绝了。现在他们两个人能够在一起生活,却不再拥有婚姻。

我讲的故事让大家都沉默了。

有一位年轻朋友的声音打破了沉默:"年轻的时候相信爱情,一起生活久了就变成亲情了吧?变成亲情之后,妻子也许就能像母亲一样包容?"

我:"这是一个非常好的问题,爱情和亲情的区别在哪里?我们来区分一下。"

我在白板上写了这样一句话:"爱是缘分,爱是感动,爱是习惯,爱是宽容,爱是牺牲,爱是体谅,爱是一辈子的承诺。"

然后再写上"爱情""亲情"两个词,请大家一起分析下这两者之中的"爱"有何不同?

	缘分	感动	习惯	宽容	牺牲	体谅	承诺
亲情	出生	有	多	多	无条件	多	从生到死
爱情	相遇	有	少-多	少	有条件	少或同上	一纸婚约

亲情与爱情相比较的结果,是根据多数人的意见填写的。两者最大的不同在于承诺。我问:"大家还记得西式婚礼上,夫妻双方的誓词吗?"

年轻的朋友们都记得，有人很快地朗诵出这句誓词："从今以后，无论是顺境或逆境，富足或贫穷，健康或疾病，我都将爱护你、珍惜你，直到天长地久。"我微笑说道："我们选择婚姻，不也是当着众人对自己的配偶有这样一份承诺吗？爱情的一纸婚约，看似只有一张纸，可是背后的这个承诺不也是延续到生命的终点吗？如果爱情里的习惯、宽容、牺牲、体谅都比亲情少，如果对婚姻的承诺没有被两个人当成生死与共的誓言，那么爱情不能陪伴两个人走到人生尽头，是不是一定有其自身内在的原因？"

我曾经看到过故事里的女人对男人颐指气使的一幕，我当时想，一个男人这样子生活，其实也挺窝囊的。我不知道这是不是他们婚姻生活的常态，他选择出轨，也许是内心需要肯定？

大树说："有外遇对男人来说也不是好事情。有一位建筑老板，声称自己找小老婆是为了生个儿子继承自己的家业。可他自己也不敢堂堂正正地向人介绍他的小老婆。有的朋友看到他和小老婆在一起，会取笑他。"大树曾经接触过这位老板的女儿，了解到他的家人对于他的作为也是既气愤又无可奈何，只能被迫接受。在他家的别墅里，原配和母亲住一层，自己和小老婆住一层，还算相处得相安无事。

大家都说："现在社会上，有点事业、有点才能的男人，特别招年轻女人喜欢，有很多女人看到这样的男人，像飞蛾扑火一样，即使不要名分也愿意奉献青春。"在座的人们纷纷点头。有些有点财产的男人，内心认为拥有的女人越多越成功，追求的是"家里红旗不倒，家外彩旗飘飘"。可他们即使是在外面有了情人，一般也不愿意与原配妻子离婚。

王老师分析说："离婚对于他们这些有钱人，财产要分割一半，确实是很难接受。"年轻的涛涛也坦诚地分享了他的感受："当我内心空虚无聊，没有追求的时候，我听人家说起家里家外都有花的事情，我会觉得没有什么不好。当我开始学习，有所追求的时候，我的想法就改变了。"

文慧说："对于男人在外面世界遇到的诱惑，女人担心也没有什么用。两个人既然从相爱到结婚，互相之间至少会有70%~80%的认可。选择对方时，首先考察的是对方的品德，认可对方的德行。既然选择对方作为相伴一生的人，自己会选择信任对方。"

我在白板上写下：

结婚——70%~80%认可——时光共度——财产共享

离婚——0 认可——时光损失——财产损失

一对夫妻在选择结婚时会有 70%~80%的认可。经历 3 年、5 年或者 10 年、20 年的共同生活之后，互相之间的认可不但没有提高，反而下降，最终消耗到 0，才会选择离婚。无论男人或者女人，得到这样的伴侣关系，难道没有一点儿自己的责任？夫妻是"伴"，两个"半人"才能合成一个完整的"伴"。俗话说一个巴掌不响，若真的都是另一半不好，自己这一半就真的都好吗？

离婚时的财产损失大家都能看见，可是一起共度的时光呢？两个人在一起的时光该怎么计算？那些共同的回忆，以后要向谁诉说？"一寸光阴一寸金，寸金难买寸光阴"，那些一起走过的时光，也许要随着离婚而尘封一生吧？那种与自己生命中青春美好的时光分割的痛苦，难道是用金钱能够衡量的吗？

既然离婚是两败俱伤，那么优秀的女人在婚姻中应该如何做呢？理想的婚姻状态究竟是什么样子？大家纷纷发表自己的看法，气氛热烈而又和谐。

沙龙结束时，王老师夫妇热情地给大家分享他们带给"芝麻开门吧"的养生与健康的图书，我也带了一本回家学习。最感动的是当天晚上 11 点多，惠大姐将她今天在沙龙的收获整理成电子文档发到了群里面。

感恩我的伙伴们！

规划人生

如何才能拥有更好的婚姻，赢得幸福人生？

小苏姐姐说："行有不得，反求诸己。"她分享自己夫妻俩生活状态的改变，就是坚定地执行这一信念的结果。她的丈夫王老师以前也是抽烟喝酒打牌应酬多的一位"成功男人"，现在却潜心研究国学，致力于公益事业，脱胎换骨成了一位好好先生。小苏姐姐告诉我们，她原来的信念是"更高、更快、更强"，一心追求事业上的成功，教育孩子要把别人比下去，要把别人的钱掏到自己口袋里来，女人干了男人的事情。而丈夫王老师也在外面追求自己的事业，夫妻两个人都没有把关注的重点放在家庭里面，直到孩子的成长出现了一些问题。小苏姐姐发现问题以后，选择了国学的道路，在传统文化中吸收智慧，静心学习领悟，努力改变自己。当她坚持了一段时间以后，丈夫发现了她的变化。长期不规律的生活导致小苏姐姐的丈夫大病一场，"疾病劝谏"和妻子的影响，使他也从此走上学习自省之路，他们的婚姻家庭都因此而更加和谐幸福。

大家听了他们的真诚分享，都羡慕不已。同时也有伙伴叹息道："我也知道要这么做才会让婚姻更好，可是总是做不到坚持呢。"

听了大家的话，我在白板上写下"规划"两个字，向大家介绍道：在心理教练绿带研修班，导师引导我们认识到"规划"是人生目标的能量中心，是心中的灯塔，也是带精密导航的空中客车。规划的六层次里，上三层的"使命""身份""信念"，决定我们的下三层"能力""行动""环境"。如果我们对生活还有不满意，建议大家做个"规划"，一个人的规划也可以，夫妻两人的共同规划也可以。

我说："我以前不懂得什么是'使命'，也不知道'使命'从何而来。通过学习，我才了解到，使命就是'使出命来也要达成的人生目标'。对于已婚人士,已经做了父母的成年人,你的使命是什么?你将如何达成自己的使命?这些课题,规划都能够帮助你。通过'规划'明确自己的使命,落实行动计划,我们更加能够坚定地走向自己想要的生活。"这时,我看到在座的邻居小妹和妹夫小两口频频点头。

他们也是才结婚不久的一对小夫妻。妻子怀孕了,丈夫却在外地打拼。两个漂泊了很久的心灵,终于可以选择对方相依相伴走进婚姻,却因为想要多一些物质基础而两地分离,他们分开的时候会互相思念也充满无奈。我想起他们俩在我家客厅做"规划"的过程,如同就在眼前。

邻居小妹妹非常信赖我,凡事喜欢跟我商量。那天她拉着丈夫来我家,希望我能够对她的生活提供一点建议。她看到别的孕妇有丈夫陪伴左右,很羡慕。可她的丈夫想为她和宝宝多赚点钱,提供给她们更好的物质生活,选择在外地开公司,往返奔波,非常辛苦。看到妹夫多少有些拘束,我们的谈话从一个游戏开始:"我的五样"。

假如你们现在遇到了大洪水,要想逃生必须立即上救生船,每个人只能带五样随身物品,请你写下来你想到的五样。

小妹问:"我可以写人吗?"

"当然,什么都可以写。"我点点头。

小妹写下:"家人、干粮、钱、衣服、书。"

妹夫写下:"家人(孩子)、地图、帐篷、钱、干粮。"

我看了看他们写的答案,问:"你们都写好了吗?我们可能将在船上漂泊很久,你们都不需要带水吗?"妹夫听了,果断把自己的五样中写的干粮划掉,换成了水。他对小妹说:"你带了干粮就行,我带水吧。"

我告诉他们,船出发了,可是风浪很大,船上已经不能承载过多的重量,这时船长请乘客们减少一些行李,现在一家人只能带五样。小两口连忙一起商量,我们应该带哪五样?

妹夫写下他们商量之后的答案:"家人、干粮、衣物、水、地图。"

我点了点头,然后说:"船在风浪中剧烈颠簸,船长请每家人再减少一些行李,现在每家人只能带四样了。"

我看到妹夫表情一下严肃起来,抿紧了嘴唇,脸上呈现出巨大的痛苦与决绝,他用十分沉重的声音说道:"我知道了,这个游戏最后就只能剩下一样,那就是家人!"他用笔飞快地把"家人"画了一个大大的圈。我看着他微笑点头：“你真聪明。这个游戏本来是只能留下一样，可是现在不同了。你们俩已经成家了，还有了小宝宝，所以，你们一起可以留下三样。"妹夫和小妹把头凑到一起，又商量起来。

"家人必须留下，能够舍弃的只能在水、干粮、衣物、地图之中选择。"妹夫说："干粮不用带了，水里可以捕鱼、山里可以打猎，有水就能活下来。"

妹妹点头同意，说："衣服不能少，会很冷的。"

妹夫也同意留下衣服，说："那就不要地图吧。"

我问他们："爱斯基摩人生活在北极地区，用雪块砌屋，用兽皮做衣服，用彼此的身体温暖对方，度过寒冷的极夜。这说明人类没有衣服，是可以生存的。可是若没有地图，你们上岸以后如何才会知道哪里水丰土美，哪里更适合安居？如果单纯从减轻船的载重来说，是衣服重，还是地图重？"

妹夫果断地说："留下地图，不要衣服。"妹妹却犹豫了："真的不要衣服？"女人对于衣服的喜爱远远超过男人对电器的钟爱，要做出抛下衣服的决定可真是不那么容易。

我问她："你愿意听从你丈夫的选择吗？"

小妹妹一向犹豫多虑，她皱着眉头想了又想，终于迟疑地点了点头。现在，他们只留下了三样："家人、水、地图。"妹夫的嘴角又抿得紧紧的，似乎在担心我还要他继续舍弃什么。

我微笑着告诉他们："恭喜你们，游戏胜利通关了！你们在游戏中体会的是人生。你们俩一致同意'家人'是生命中最重要、最珍贵的，所以与家人在一起，就是你们的人生目标。而游戏中的'水'，代表人生智慧，'上善若水'；'地图'就是'规划'。而你们舍弃的'衣服'代表的是'社会身份'，'干粮'代表的是'物质财富'。现在你们已经明白什么是生命中真正宝贵的东西，也已经做出了智慧的选择。你们选择结伴同行，'规划'将指引你们经营你们共同想要的幸福生活。现在你们想要做个'规划'吗？"

妹妹和妹夫听说"规划"又能提供动力，又能指引方向，又能达到幸福生活的目标，两个人都有点儿跃跃欲试了。

我在纸上写下"使命、身份、信念、能力、行为、环境"六个名词，给他们逐一解释了定义。上三层"使命、身份、信念"对于他们而言已经很清楚：使命是两个人想要创造一个温暖的"家"，身份是"丈夫"和"妻子"，信念是"一定要和家人在一起生活"。我的讲解就从"能力"开始："什么是能力？"

妹夫说："创造是能力。"

妹妹却说："可以掌控是能力。"

我问道："孙悟空和猪悟能谁的本事大？"

"孙悟空。"两个人异口同声。

"是的，孙悟空72变，猪八戒36变，所以孙悟空本事大，能力强。我们所说的能力，是指选择的宽度。一件事情来了，没有办法应对，就是没有能力。有两个办法应对，可以从中选择。有三个以上办法应对，可以优中选优。因此能力的衡量指标，是选择范围的大小，你们同意吗？"

"同意。"两个人都在点头。

"妹夫说的创造是能力，妹妹说的掌控也是能力。请问哪一种能力的选择范围更大、可能性更多？"我看着他俩问道。

"创造可以创造无限可能性；而掌控只能对现有的东西进行限制。"妹夫缓缓答道。

我看着妹妹微笑："看到没有，对于能力的认识，妹夫的见识是不是更加有智慧？"妹妹撒娇地噘起了嘴，想了一下，又笑了起来："那他的水平高，我就听他的好了！"妹夫也笑了："家里的经济担子我一个人挑起来，她只要好好休息，照顾好宝宝就行！"

我看着他们，心里由衷地喜悦："现在我们来看行为。行为就是你每天要做什么。你们可以列一个7天或者21天或者更长一点时间的行动计划，看看如何能够达成你们想要的生活。"

妹夫："我明白了，我要立即结束外地的生意，回长沙来陪伴我的家人。"我知道这是一个艰难的决定。为了外地的生意，妹夫这半年来在财力、物力、精力上投入都非常多，筹备婚礼的大小事情大部分是妹妹一个人张罗，他直到婚礼的前一天才赶回长沙。他现在做出这样的决定，真的很不容易。妹夫又说道："给我七天的时间，我一定会回来。十几万元的投入，即使亏损我也能够承担。"这时的他，已经没有游戏时那份痛苦与决绝，反而十分冷静、坦然。听了他的话，妹妹望向他的眼神十分复杂，有深情，有感动，似乎还有担忧……她沉默了，半天没有说话。

我没有再给他们讲解"环境"，我心里很清楚，妹夫是有能力创造环境的人，他们两个都是。妹夫在沙龙里的发言又把我拉回了当下。

妹夫说："沙沙姐给我们夫妻一起做的规划，让我明白了自己的人生方向，由此我做了一个重要的决定，舍弃了我以前追求的很多外在的东西。我今天是第四次来这里，不仅是陪妻子来，还带了岳母一起过来，希望她能感受一下这里的氛围。我第三次来到这里参加沙龙的时候说：'我前面两次来到这里，都是陪我妻子来的，只要她开心就好。可是现在，我发现自己真的很喜欢这里。'不久以后，我的母亲会来长沙照顾我的妻子和宝宝，我也会请她到这里来。她没有读过书，也不认识一个字，我希望大家能够接纳她。"

大家用热烈的掌声回应妹夫的请求。我告诉他："上次三妹的母亲也到我们这里参加了《王凤仪言行录》的分享沙龙。三妹说，她的母亲一直是羞涩沉默的，可她那天的发言，大家都觉得很精彩，让大家都很有收获。三妹听到她母亲发表的感悟之后，很开心地说：'我今天是尽了孝啦。'我也把这句话送给你。你今天带岳母来了，还有心要带母亲来，你真的是在尽一份大大的孝心。"

妹夫的笑容很灿烂。他知道，我们这儿欢迎所有的人来，没有条件也没有拘束，一切都是可以的。

谁是你的亲人

"谁是你的亲人?"沙龙一开始,我把这个问题带给了"芝麻开门吧"的小伙伴们。"在你心里,父母和子女相比,哪一个更亲?"大家有的选择跟父母更亲,也有的选择跟子女更亲,还有的选择一样亲。

我接着问第二个问题:"夫妻和父母子女相比,哪一个更亲?"还是有的选择跟父母子女更亲,也有的说无法比较。我在白板上写下一个繁体的"親",现学现卖心博会上胡老师的"说文解字":"'立、示、见'即是'親';所以天天见面的人,就是亲人,同意吗?"

"哦!""是的!""就是!"大家发出的回应声中,有一种恍然大悟的感觉。

"父母子女与你天天相见的时间,18岁以前会很多,在那之后就越来越少。龙应台说过:'所谓的父女母子一场,只不过意味着,你和他的缘分就是今生今世不断地在目送他的背影渐行渐远。你站立在小路的这一端,看着他逐渐消失在小路转弯的地方,而且,他用背影默默告诉你:不必追。'(《目送》)现在,我们来看看,谁是你相伴一生最亲的人?"

"夫妻。"

"是的,朝夕相处,唇齿相依,贫富共享,荣辱与共,生老病死,不离不弃。世间哪里还有比夫妻更亲的人呢?可是,我们既然选择在一起生活,结为夫妻,为什么有的夫妻又会离婚?"

"女人昏了头就结婚了!"惠大姐笑着说。

"因为不了解而结合,因为了解而分手。"阿紫说。

"婚姻",我在白板上又写下这两个字。"确实,婚姻两个字都是女字旁,婚姻是女人的事。有的朋友说,'婚姻里,女人很优秀,男人却不愿意改变,那离开的男人其实心里已经没有爱,他所说的理由只是借口'。我也同意这种观点。张小娴的散文集《谢谢你离开我》里有一篇'我和你的层次',跟我们讨论的话题很有一点相关,摘录几句与大家分享。"

"大家层次相同,才可以一起进步。他明白你在做什么,你明白他在做什么。男人比较可以降低一点自己层次,女人却往往不愿意。男人会用女人的美貌和青春来弥补彼此的距离。对女人来说,男人的精神层次,就是她爱他的原因;她怎么愿意屈就?大家的层次本来相同,但有一天,你走得比他远,你层次不同了,他还是停留在那个层次,那是最无奈的。一个人走远了,就不可能回到原来的地方。有些女人很聪明,她会忽然停下来,不再前进。她知道再前进的话,会丢失身边的男人。在个人的层次和男人两者之间,她选择了后者。层次是无尽的,爱情却有尽时。"

我看到有朋友听到这些句子,不住地点头,看来张小娴的观点是很得人心的。我也曾经为张小娴文章里的女子赞个好!可是现在,内心却有个声音在为她的"停下来"感到惋惜。

沙龙里的每个人都有机会分享自己的观点,我今天的观点有些与众不同:

"成长是任何生命贯彻始终的追求,也蕴含着生命中最大的快乐。选择停下来不再前进的女人,她很聪明,看到了两人之间差距太大的一种可能性。她选择牺牲自己的前进,能够得到身边男人的陪伴,却不能得到真正的爱情。

真正的爱情是给予对方全然的理解、全然的接纳、全然的支持、全然的尊重、全然的奉献;真正的爱情,是两个相爱的人,承诺一生相依相伴,互相扶助,直到两个人都成为更好的自己。真正的爱情,只属于精神层次,真爱没有尽时。

两个青年男女刚刚相遇的时候,层次的高低必然有些不同。层次高的那个男人没有嫌弃层次低的那个女人,反而给她一个相伴一生一世的承诺。正如张小娴的文章所说,在精神层次的追求方面,'男人会愿意降低一点自己的层次,女人却往往不愿意'。我想,男人会愿意降低一点自己的层次,是不是因为男人能够欣赏女人的其他优点;而不愿意降低自己层次的女人,是不是内心还不够强大,所以需要有一个精神权威来引领自己的层次?婚姻是两个人结成伙伴,在漫漫人生路上的长途跋涉,好比是参加铁人三项马拉松比赛,不是个人赛,而是团队赛。世界上任何两个人都是不同的,因此也绝不可能在人生的每个阶段总是同步。

有一天,男人层次提高了,有能力走得更远的时候,男人怎么可以抛弃女人，怎么可以撕毁曾经的承诺？有一天，女人的层次提高了，有能力飞得更高的时候，女人怎么可以嫌弃男人，怎么可以背叛曾经的誓言？如果真的抛弃了伙伴，那个人也许是赢了个人的某些层次，却输了整个人生；他个人精神层次所能达到的高度，也是有限的。"

我的分享让大家沉默了。王老师浑厚的男中音打破了有点沉寂的气氛："今天的讨论好像对女人要求比较多，其实男女是平等的，对女人有要求，对男人的要求更加严格。做男人的基本准则：诚意、正心、修身、齐家。古人说'三从四德、夫为妻纲'，其实是说男人应该承担家庭的责任。"他的发言赢得了大家热烈的掌声，他这份男子汉的担当让我们这些小女子们感到由衷的钦佩。

教育家苏霍姆林斯基在《爱情的教育》一文中指出："真正的爱情是支持和陪伴，使双方都成为最好的自己。"我相信男女生而平等，两个人之间最美好的爱情，就是我和你在一起，看着同一个方向。既然人是身体与灵魂的合一，那么爱情亦如是。如果有一天，我的哪一部分走远了，我一定会回来。去看过远方风景的那一半，可以为这一半做个好向导，为我的伙伴加油鼓劲，陪伴他欣赏最美的风景。

张小娴说："你的成功要靠你的配偶，配偶不是帮你建立更好的人际关系，就是在摧毁你的人际关系；他不是告诉你：'你是最棒的，你一定能完成梦想。'就是告诉你：'你根本不配拥有这样的梦想。'"真正有智慧的女人，一定不会让她的另一半离她太远。

我想，参加沙龙的伙伴们，对于如何经营婚姻，一定都有了更深层次的领悟。